# 明渠自掺气水流

邓　军　许唯临　卫望汝　著

科　学　出　版　社
北　京

## 内 容 简 介

本书主要研究明渠水气二相流的成因与发展变化规律。全书共五章，内容包括明渠水气二相流基本水力特征、明渠水流自由面卷吸掺气机理与预测方法、自掺气水流掺气特性沿程发展变化规律、断面掺气浓度分布计算方法和掺气水流水深与流速分布。其特点是以明渠水流自由面卷吸掺气成因与动力特性的最新研究成果为基础，结合宏观掺气扩散特点和细观水气结构特征，全面展示明渠水气二相流的形成与发展变化规律，并对工程中掺气水流水深与流速的影响机制进行探讨。

本书可作为水利、水电、环境工程等专业的研究生教材或教学参考书，也可供上述专业以及从事传热、传质、多相流流动和其他有关专业工作的工程技术人员和科研人员参考。

**图书在版编目(CIP)数据**

明渠自掺气水流 / 邓军，许唯临，卫望汝著. —北京：科学出版社，2018.9

ISBN 978-7-03-058360-4

Ⅰ.①明…　Ⅱ.①邓…　②许…　③卫…　Ⅲ.明渠-掺气水流-研究　Ⅳ.①TV131.3

中国版本图书馆 CIP 数据核字（2018）第 168329 号

责任编辑：冯　铂　刘　琳 / 责任校对：江　茂
责任印制：罗　科 / 封面设计：墨创文化

**科学出版社**出版
北京东黄城根北街16号
邮政编码：100717
http://www.sciencep.com

**成都锦瑞印刷有限责任公司**印刷
科学出版社发行　各地新华书店经销

*

2018 年 9 月第　一　版　　开本：787×1092　1/16
2018 年 9 月第一次印刷　　印张：5.5
字数：150 千字

**定价：66.00 元**

**（如有印装质量问题，我社负责调换）**

# 前　　言

随着水利水电事业的蓬勃发展，我国修建的高坝日益增多，高水头泄水建筑物大量涌现。当水流通过高水头泄水建筑物，如溢流坝、陡槽、明流隧洞等，流速达到一定程度时，会导致大量的空气自水面掺入水流中，以气泡形式随流带走，形成乳白色水气两相流，这种掺气过程称为自掺气，这种水流称为自掺气水流。

溢洪道或陡槽中的水流发生自掺气后水深明显增加，常常使原设计边墙高度不够，水流溢出，这就是常说的“增涨”效应。因此，设计溢洪道或陡槽时应考虑水流的自掺气影响。在泄水建筑物的高速过流表面常常会发生空蚀现象，造成过水边壁破坏，而掺气能够有效地减轻或消除空蚀破坏。许多水利工程中都设置了掺气坎(槽)用来向水流中掺气，如果能够准确地预测自掺气的发生、发展过程，可以有效地评估在该泄水建筑物上是否需要设置掺气设施或所需设置的掺气坎(槽)的间距。而最近的研究表明，水流掺气增大了水气交界面积，能够促进水气传质，如增加氧、氮向水中扩散的通量，还能使许多有毒污染物从水中挥发。因此对自掺气水流的研究不仅对水利工程的设计有重要意义，而且对水环境的改善和水生态系统的恢复、保护都有积极的促进作用。

自 1926 年 Ehrenberge 发表第一篇有关自掺气水流研究的论文至今，已有 90 多年，其间许多研究者对水流自掺气所涉及的各类问题进行了研究，也取得了很多有意义的成果。但是水气两相流的运动规律与不掺气水流不同，其中有很多仍然没有被我们所认识，包括机理与预测方法两个方面。

(1) 自掺气机理理论分析与试验观测结果不符。通过水点跃移回落掺气机理的理论分析认为，水流自由面附近涡体的脉动作用必须具有一定的强度才能使形成的跃移水点在回落冲击水流自由表面的过程中卷入气泡。根据对不同试验结果的分析发现，当水流速度为 10m/s 时，观察到水流掺气段中水点最大跃起高度为 0.05m。而根据涡体紊动理论分析，在该水流条件下水点无法跃移至这个高度，这说明水点跃移理论与水流实际掺气过程存在一定差异。另外，通过水滴冲击静止水面和运动水面卷吸气泡的试验研究结果得知，只有当水滴尺寸和冲击速度满足一定条件时，撞击才能把空气以气泡形式带入水体，并且运动水面条件下能够掺入气泡的水滴比静止水面条件下的比例大大减少，同时形成的仅为尺寸很小的气泡，无法解释水流中尺寸较大气泡的形成机理。

(2) 自掺气水流发展预测方法具有明显的局限性。采用模型试验建立自掺气水流经验计算公式，在常规的常压缩尺水工模型中，掺气浓度特性存在明显的缩尺效应，模型水流自掺气程度远小于原型自掺气水流，甚至无法达到掺气特征一致，要准确预测掺气量及掺气浓度分布的难度进一步加大；自掺气水流掺气浓度分布是进入水体中的空气在紊动作用下克服浮力扩散分布的过程，当掺气程度较高时，气泡可以扩散至渠道底部，成为“有限域”浓度扩散问题，而受固壁边界约束影响的掺气浓度分布预测方法目前仍不准确，已有的计算方法得到的固壁附近的掺气浓度与实际测量结果差异较大。

本书基于细观自由面凹陷卷吸掺气机理，以自由面凹陷失稳临界条件作为自掺气的临界条件，在此基础上结合气泡紊动扩散理论，研究自掺气水流在无限域的发展过程，揭示自掺气发展变化规律，然后研究在有限域、气泡扩散至渠道底部条件下，固壁边界对于气泡扩散的约束影响规律，建立自掺气水流掺气浓度断面分布理论计算方法，希望能够以此推动明渠自掺气水流的基础理论与工程应用方面的研究。

作者

2018 年 6 月

# 目　　录

# 第1章　明渠自掺气水流基本特征

明渠水流自掺气是水流速度达到一定条件时，大量空气通过水流自由面进入水体形成水气二相流。水流掺气后，一方面会使水深明显增加，增大水流脉动压力，增加建筑物发生振动的可能性；另一方面可以提高泄水建筑物的消能效果，减轻或消除空蚀破坏，并提高河流水道的复氧效果。在水利和环境工程中，自掺气水流是常见自然现象，因此认识水流自掺气规律对于工程建设和环境生态保护都有十分重要的意义(图1-1)。

（a）糯扎渡岸边溢洪道

（b）小浪底岸边溢洪道

（c）武都坝身溢洪道

（d）都江堰引水渠道

图1-1　工程中自掺气实例

研究发现，明渠水流自掺气机理与水流自由面在紊动作用下的运动有关，并由此发展出三种观点：①表面波破碎理论，认为紊动和水波的相互作用完全能够导致波浪破碎，在此过程中造成空气掺入水体；②紊动边界层理论，认为当紊流边界层厚度发展至与水深相等时，自由面附近水体在紊动作用下横向脉动速度的能量足够克服表面张力和重力的作用，以水点的形式跃出水流自由面，在其重新回落至水中时带入空气，形成掺气水流；

③旋涡掺气理论，认为水流紊动形成的旋涡与自由面相互作用可以导致卷吸空气以气泡的形式形成掺气水流。对于不同的掺气机理观点，中外学者均进行了大量的试验和理论研究，并提出了相应的明渠水流临界掺气条件。

根据自掺气水流沿程掺气程度的变化情况，可以分为掺气发展区和均匀掺气区。对于自掺气水流均匀掺气区的水深、流速、掺气浓度及其分布，气泡尺寸及其概率分布，国内外学者已经进行了大量研究，并在此基础上根据紊流扩散理论对均匀掺气区内水流的水力特性进行了理论研究。目前，对于自掺气水流均匀掺气区，形成了一些比较统一的认识：①水流掺气后对水流的流动有减阻增速的效应；②采用紊动扩散理论，可以对均匀掺气区的水流断面浓度分布进行计算；③均匀掺气区中，掺入水流的空气以气泡形式随水流一起运动，并且气泡在水中的尺寸存在级配比例，并与水流水力特性有一定关系；④根据相似理论，由于模型试验中掺气水流的气泡上浮速度与原型不相似，会导致掺气浓度存在巨大的缩尺效应。因此，对于明渠掺气水流均匀掺气区的试验与理论研究非常充分，显示出水流掺气后形成的水气二相流与非掺气水流在许多水力特性方面都发生了明显改变。

## 1.1 明渠自掺气水流分层分区结构

Ehrenberger[1]首先对自掺气水流沿水深断面的物理结构进行了描述。此后的研究基本上沿袭了 Ehrenberger 对自掺气水流的分层方法，认为典型的自掺气水流可分为四层：上部为水点跃移层，中部为水气混合层，底部为气泡悬移层，最底部可能存在清水层(图 1-2)。

许多学者对自掺气水流进行了大量的实验[2-4]，更为详细地描述了自掺气水流的分区结构，认为随水流输运的空气所占的体积份额(掺气浓度)分布在上部和下部有不同的规律，上部为水点跃移区，跃出水面的水点是随机的，符合高斯正态分布；下部为气泡悬移层，气泡在水中的运动规律符合物质扩散定律，上、下两区之间并没有明显的分层[5-6]。随着近年来高速摄影技术的发展与应用，实现了对明渠自掺气水流的直观观测，发现自掺气水流自由面是变形强烈、具有不规则起伏的连续水面，水面上部存在极少的运动水滴。

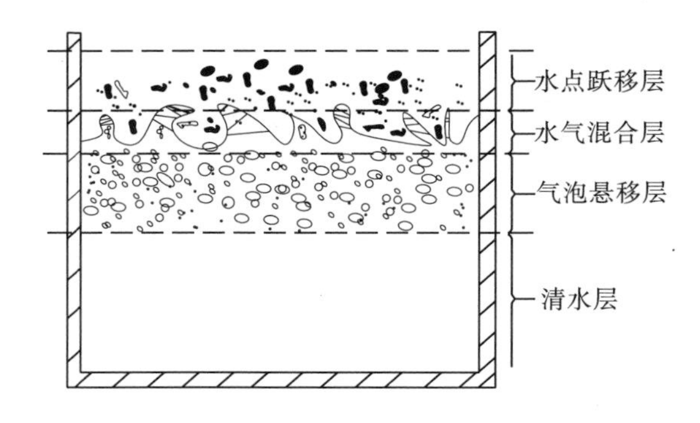


图 1-2 自掺气水流断面水气分布区域示意图

在沿水流流动的纵剖方向，自掺气水流有三个明显的区域：自掺气发生点以前的无气清水区、掺气发展区(包括正在发展的部分掺气区与全断面充分掺气区)和掺气充分发展区[7-10](图 1-3)。具体表现为当水流表面紊动强度达到掺气条件，自掺气发生点以后明渠水流形成水气二相流，空气以气泡的形式进入水体，在紊动作用下克服浮力作用不断向水体内部扩散，沿程掺气区域逐渐增大，这一部分断面有清水区存在，气泡未扩散至明渠底部，因此为正在发展的部分掺气区。随着气泡扩散至明渠底部壁面，清水区消失，形成全断面水气二相流，但由于气泡在紊动与浮力的作用下未达到平衡，沿程的掺气程度还在逐渐增强，因此为正在发展的充分掺气区。此后，随着水气两相间的相互作用进一步发展至趋于平衡的状态，沿程掺气程度逐渐趋于稳定，表现为宏观掺气量与细观气泡尺寸个数沿程基本保持不变，这一区域自掺气水流达到掺气充分发展区。

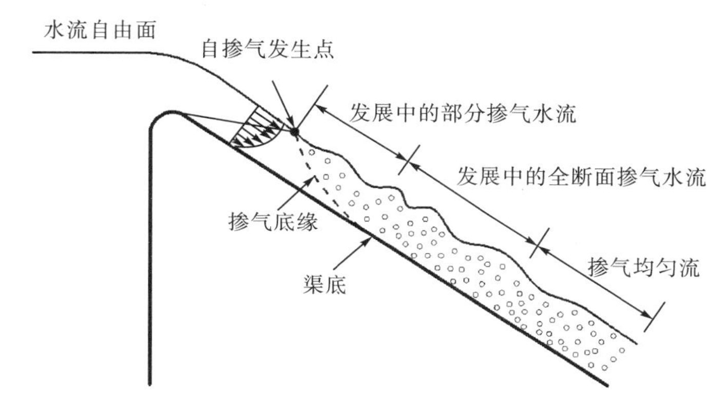


图 1-3　明渠自掺气典型纵向结构图

## 1.2　明渠自掺气水流紊动结构

Nezu 和 Nakagaw[11]根据明渠中紊流能量的产生和耗散特征对明渠紊流进行了分区，详见图 1-4。

壁面区域[ $y/H<(0.15\sim0.2)$ ]：这个区域也就是边界层流动中的内区。特征长度和速度尺度分别是 $\nu/u^*$ 及 $u^*$，壁面律成立。猝发现象在 $y^+<50$ 下显著兴起，发生紊流。因此，

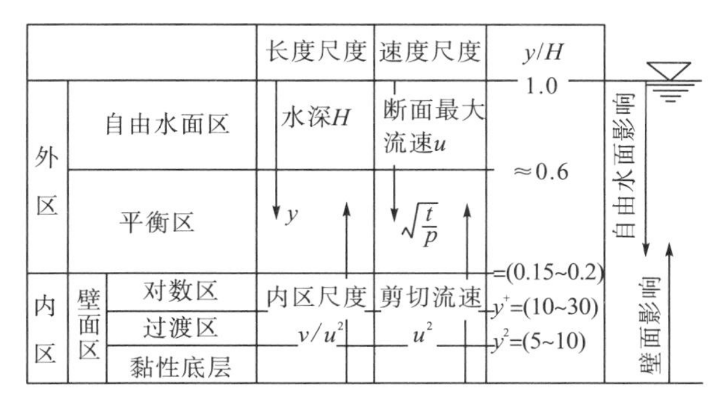


图 1-4　紊流区域划分

湍流能量发生率 $P$ 比其耗散率 $\varepsilon$ 大，紊流向水面扩散。

自由水面区域（$0.6 < y/H \leqslant 1$）：特征长度、速度尺度分别是水深 $H$ 及最大速度 $\bar{u}_{max}$，速度亏损律成立。当 $\varepsilon > P \approx 0$ 时，紊流能量不足，垂向脉动受到抑制，因此，容易发生纵涡等大规模组织涡，结构复杂。

平衡区域[$(0.15 \sim 0.2) < y/H \leqslant 0.6$]：这一区域是一个过渡性质的区域，$P \approx \varepsilon$ 使能量处于动态平衡。从拓扑空间来说，该区域相当于惯性小区域，不直接接受渠底及自由水面的外边界条件。紊流的相似律成立，可以用通用函数表示。

明渠紊流是壁面紊流的一种，与管道紊流、边界层紊流有许多共同的特点。当然，明渠紊流也有自己的特点，正如文献[7，8]所指出的那样，明渠紊流最主要的一个特点是它有一个暴露于大气中的自由水面，另外明渠紊流受到边壁和断面形状的影响。

本书除了特别说明外，都采用如图 1-5 所示的右手正交坐标系统，其说明见表 1-1。其中 $x$ 轴沿明渠渠底，正向指向水流流动方向，$y$ 轴正向垂直渠底向上。$u$、$v$、$w$ 为三个方向的瞬时速度，也可以用 $u_i$ ($i$=1，2，3)表示。顺流向瞬时流速可以表示为平均流速和脉动流速之和：

$$u(x, y, z) = \bar{u}(x, y, z) + u'(x, y, z) \tag{1-1}$$

其中

$$\bar{u}(x, y, z) = \frac{1}{T}\int_0^T u(x, y, z, t)\mathrm{d}t \tag{1-2}$$

积分上限时间 $T$ 应该远比水流脉动周期和紊动时间尺度大。

在二维情况下，水流沿 $x$ 方向的平均流速为 $U(x)$，则有

$$U(x) = \frac{1}{H}\int_0^H \bar{u}(x, y)\mathrm{d}y \tag{1-3}$$

脉动流速的均方根用 $u'_{rms}$ 表示：

$$u'_{rms} = \sqrt{\overline{u'}^2(x, y, z, t)} \tag{1-4}$$

明渠水流脉动强度 $\overline{T_u}$ 为

$$\overline{T_u} = \overline{u'} + \overline{v'} + \overline{w'} \tag{1-5}$$

其值用下式求得

$$T_u = \sqrt{(\overline{u'})^2 + (\overline{v'})^2 + (\overline{w'})^2} \tag{1-6}$$

水流脉动动能 $k$ 可以表示为

$$k = \frac{1}{2}\overline{u_i u_i} \tag{1-7}$$

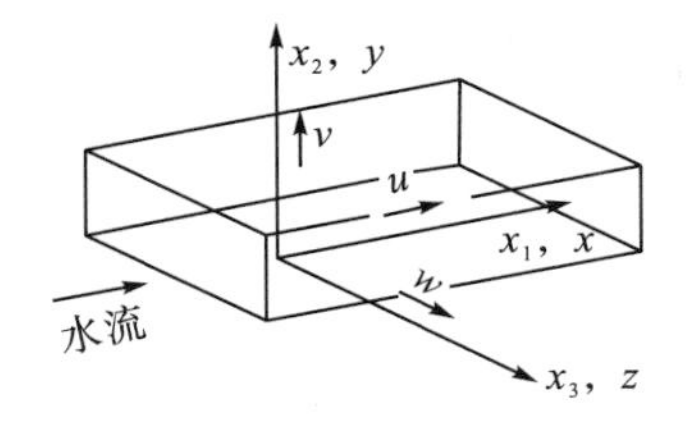


图 1-5 坐标系规定

表 1-1　坐标系说明

| 张量下标 | 坐标方向 | 坐标名称 |
|---|---|---|
| 1 或 $i$ | $x$ | 顺流向/纵向 |
| 2 或 $j$ | $y$ | 垂向/垂直壁面向上 |
| 3 或 $k$ | $z$ | 横向/侧向 |

在明渠紊流中，某一方向上的切应力由水流时均流速梯度产生的黏性切应力和紊动产生的紊动切应力(或 Reynolds 切应力)构成。

$$\tau_{yx} = \tau_{yx(\mathrm{lam})} + \tau_{yz(\mathrm{turb})} \tag{1-8}$$

在渠底处，$\tau_{yx(\mathrm{turb})} = 0$，所以有

$$\tau_{yx} = \tau_{yx(\mathrm{lam})} = \tau_w = u\frac{\partial \overline{u}}{\partial y} = \rho u^{*2} \tag{1-9}$$

其中，$\tau_w$ 为边壁切应力；$u^*$ 为摩阻流速；$\rho$ 为水的密度。

Renolds 切应力 $\tau_{yx(\mathrm{turb})}$ 可以表示为

$$\tau_{yx(\mathrm{turb})} = -\rho\overline{u'v'} \tag{1-10}$$

Reynolds 切应力的求解问题是贯穿湍流研究的核心问题，至今没有得到严格的理论解。Boussinesqz 假设 Reynolds 切应力可以类比于层流的黏性切应力，与时均速度的梯度成正比，于 1877 年提出了涡黏性系数 $\nu_t$ 的概念[12]：

$$-\overline{u_i'u_j'} = \nu_t\left(\frac{\partial \overline{u_i}}{\partial x_j} + \frac{\partial \overline{u_j}}{\partial x_i}\right) - \frac{2}{3}k\delta_{ij} \tag{1-11}$$

式中，$\delta_{ij}$ 为 Kronecker 符号，$i = j$ 时 $\delta_{ij} = 1$，$i \neq j$ 时 $\delta_{ij} = 0$；$k$ 为脉动动能。在二维明渠紊流中，式(1-11)可以简化为

$$\tau_{yx(\mathrm{turb})} = \rho\nu_t\frac{\partial \overline{u}}{\partial y} \tag{1-12}$$

涡黏性系数 $\nu_t$ 不像水的运动黏性系数为一物性参数，它是随着紊流流场的变化而变化的，严格说来，它是位置和时间的函数。

另外一个把 Reynolds 切应力和平均速度的梯度联系在一起的唯象学理论是 Prandtl 于 1925 年提出的混合长 $l$ 理论：

$$\tau_{yx(\mathrm{turb})} = \rho l^2\left|\frac{\partial \overline{u}}{\partial y}\right|\frac{\partial \overline{u}}{\partial y} \tag{1-13}$$

很明显，混合长 $l$ 也是紊流运动的某种表征，而不是流体的物理特性，它和涡黏性系数有如下关系：

$$\nu_t = l^2\left|\frac{\partial \overline{u}}{\partial y}\right| \tag{1-14}$$

对明渠紊流的紊动强度分布进行分析预测的公式比较多，下面主要介绍 Nezu 和 Rodi[13]给出的紊动强度半经验公式。在平衡区（$50 < y^+ < 0.6hv^*/\nu$），纵向脉动强度和垂向

脉动强度可以表示为

$$\frac{u'_{\mathrm{rms}}}{u^*}=D_u\exp\left(-\lambda_u\frac{y}{H}\right) \tag{1-15}$$

$$\frac{v'_{\mathrm{rms}}}{u^*}=D_v\exp\left(-\lambda_v\frac{y}{H}\right) \tag{1-16}$$

在边界附近（$y^+<50$），纵向脉动强度的预测公式为

$$\frac{u'_{\mathrm{rms}}}{u^*}=D_u\exp\left(-\lambda_u\frac{y}{H}\right)\left[1-\exp\left(-\frac{y^+}{10}\right)\right]+0.3y^+\exp\left(-\frac{y^+}{10}\right) \tag{1-17}$$

式中的经验系数 $D_u=2.26$，$\lambda_u=0.88$，$D_v=1.23$，$\lambda_v=0.67$。实测数据表明，如果将式(1-15)和式(1-16)应用在整个外区，除了水面附近数据的分散略有增大外，总体还是相当符合的，在使用上也是可行的。

Coleman[14-15]于 1983 年给出了符合壁面紊流多流层特征的二维明渠统一的流速分布公式：

$$\bar{u}^+=\int_0^{y^+}\frac{2}{1+\left\{1+\left[2\kappa(t^++\Delta y^+)\right]^2\left[1-\exp\left(\frac{-t^+-\Delta y^+}{26}\right)\right]^2\right\}^{\frac{1}{2}}}\mathrm{d}t^+ \tag{1-18}$$

式中，$\bar{u}^+=\bar{u}/u^*$；$y^+=yu^*/\nu$；$\kappa$ 为卡门常数；$t^+$ 为一个虚变量；$W(y/H)$ 为尾流函数[12]；$H$ 为水深。$\Delta y^+$ 表示边壁粗糙对速度分布的影响，可由下式求得

$$\Delta y^+=0.9\left[\sqrt{k_s^+}-k_s^+\exp\left(-\frac{k_s^+}{6}\right)\right] \tag{1-19}$$

其中，$k_s^+=k_su^*/\nu$，$k_s$ 为粗糙高度。式(1-18)适用于 $k_s^+<2000$。如果 $k_s\to0$，则 $\Delta y^+\to0$，式(1-18)就简化为光滑壁面的流速分布公式：

$$\bar{u}^+=\int_0^{y^+}\frac{2}{1+\left\{1+4(\kappa t^+)^2\left[1-\exp\left(\frac{-t^+}{26}\right)\right]^2\right\}^{\frac{1}{2}}}\mathrm{d}t^+ \tag{1-20}$$

式(1-18)只适用于内区，而外区的流速分布还要在该式后面加上一个尾流函数。Coles 的尾流函数公式为

$$W\left(\frac{y}{H}\right)=\frac{2\Pi}{\kappa}\sin^2\left(\frac{\pi y}{2H}\right) \tag{1-21}$$

其中，$\Pi$ 与明渠流动的雷诺数 $Re=4HU/\nu$（$U$ 为断面平均流速）有关，其具体数值可参考文献。

根据不同的情况，可以对式(1-18)进行简化积分，得到一些常见的简单公式。

如在光滑壁面的情况下：

$$\text{黏性底层：}\ \bar{u}^+=y^+\ (y^+\leqslant5\sim10) \tag{1-22}$$

过渡区，$(5\sim10)\leqslant y^+\leqslant30$，直接积分式(1-20)即可求出该区流速分布。

$$\text{对数区：}\ \bar{u}^+=\frac{1}{\kappa}\ln y^++B\ (30\leqslant y^+\leqslant0.2Re^*) \tag{1-23}$$

在外区，$y/H>0.2$，流速分布用亏损率形式可以表示为

$$\frac{\overline{u}_{\max}-\overline{u}}{u^{*}}=-\frac{1}{\kappa}\ln\left(\frac{y}{H}\right)+\frac{2\Pi}{\kappa}\cos^{2}\left(\frac{\pi y}{2H}\right) \tag{1-24}$$

## 1.3　明渠自掺气水流水气结构

对于自掺气水流水气结构中最直观的描述参数就是掺气浓度。掺气浓度是指一定量水中所含空气的量。根据不同的衡量指标，掺气浓度分为体积浓度、质量浓度、流量浓度等，另外还有面积浓度、时间浓度。

体积浓度就是水力学中所说的掺气浓度 $C$，是指某一体积中空气的体积与总体积之比：

$$C=\frac{V_{\mathrm{a}}}{V_{\mathrm{m}}}=\frac{V_{\mathrm{a}}}{V_{\mathrm{a}}+V_{\mathrm{w}}} \tag{1-25}$$

式中，$V_{\mathrm{a}}$、$V_{\mathrm{w}}$、$V_{\mathrm{m}}$分别表示空气体积、水的体积和水气混合物体积。

质量浓度$C_M$表示单位时间内流过某一流通界面的两相流体总质量中空气质量所占的份额。如果用$M_{\mathrm{a}}$、$M_{\mathrm{w}}$、$M_{\mathrm{m}}$分别表示空气、水和水气混合物的质量流率，也就是单位时间内空气、水和水气混合物的质量流量，很明显，总的质量流率为两相的质量流率之和。所以质量浓度$C_M$可以表示为

$$C_M=\frac{M_{\mathrm{a}}}{M_{\mathrm{m}}}=\frac{M_{\mathrm{a}}}{M_{\mathrm{a}}+M_{\mathrm{w}}} \tag{1-26}$$

体积流量(率)就是水利工程中常说的流量，是单位时间内流过的流体体积，用$Q_{\mathrm{a}}$、$Q_{\mathrm{w}}$和$Q_{\mathrm{m}}$分别表示空气、水和水气混合物的体积流量，用$u_{\mathrm{a}}$、$u_{\mathrm{w}}$分别表示空气、水的平均速度，则有下面的关系式：

$$Q_{\mathrm{m}}=Q_{\mathrm{a}}+Q_{\mathrm{w}}=S_{\mathrm{a}}u_{\mathrm{a}}+S_{\mathrm{w}}u_{\mathrm{w}} \tag{1-27}$$

流量浓度$C_Q$表示水气混合物中空气体积流量与总流量之比，即

$$C_Q=\frac{Q_{\mathrm{a}}}{Q_{\mathrm{m}}}=\frac{Q_{\mathrm{a}}}{Q_{\mathrm{a}}+Q_{\mathrm{w}}} \tag{1-28}$$

用$S_{\mathrm{m}}$、$S_{\mathrm{a}}$和$S_{\mathrm{w}}$分别表示某一截面上水气混合物、空气和水的横断面积，则面积浓度$C_S$为空气的流动面积与总的流动面积之比：

$$C_S=\frac{S_{\mathrm{a}}}{S_{\mathrm{m}}}=\frac{S_{\mathrm{a}}}{S_{\mathrm{a}}+S_{\mathrm{w}}} \tag{1-29}$$

截面含气率是考虑了空气、水的相对速度时的含气率，也称为空泡份额或空泡率。

空气相连续方程为

$$M_{\mathrm{a}}=\rho_{\mathrm{a}}Q_{\mathrm{a}}=\rho_{\mathrm{a}}S_{\mathrm{a}}u_{\mathrm{a}} \tag{1-30}$$

水相的连续方程为

$$M_{\mathrm{w}}=\rho_{\mathrm{w}}Q_{\mathrm{w}}=\rho_{\mathrm{w}}S_{\mathrm{w}}u_{\mathrm{w}} \tag{1-31}$$

由式(1-26)、式(1-28)、式(1-30)、式(1-31)可以推导出空气的流量浓度与质量浓

度的关系：

$$C_Q = \frac{\rho_w C_M}{\rho_w C_M + \rho_a(1 - C_M)} \tag{1-32}$$

由式(1-26)、式(1-29)、式(1-30)、式(1-31)可以推导出空气的面积浓度与质量浓度的关系：

$$C_S = \frac{\rho_w C_M}{\rho_w C_M + \rho_a \frac{u_a}{u_w}(1 - C_M)} \tag{1-33}$$

由式(1-28)、式(1-29)、式(1-30)、式(1-31)可以推导出空气的面积浓度与流量浓度的关系：

$$C_S = \frac{C_Q}{C_Q + \frac{u_a}{u_w}(1 - C_Q)} \tag{1-34}$$

如果对水气混合体中的水、气两相进行相同时间尺度的统计，则体积浓度与流量浓度是相等的：

$$C = C_Q \tag{1-35}$$

同时由式(1-34)可以看出，当空气、水的速度相等时，面积浓度才和流量浓度、掺气浓度相等。这里涉及了气泡跟随性的问题。

从描述流体运动的 Euler 法观点出发，流动的水气两相流中的任意位置，不是被水占据，就是被空气填充，而且水、气两相随时间交替变化。如果对该处水、气所占据的时间进行统计，则时间浓度可以表示为

$$C_t = \frac{\sum t_a}{T} = \frac{\sum t_a}{\sum t_a + \sum t_w} \tag{1-36}$$

其中，$\sum t_a$、$\sum t_w$ 分别表示在采样时间区间 $T$ 内空气和水所占据的时间和，很明显：

$$T = \sum t_a + \sum t_w \tag{1-37}$$

水力学中把某点处微小体积中的空气体积份额（$dV_a$）与该体积中的水气混合物体积（$dV_a + dV_w$）之比叫做掺气浓度，在气液两相流中也称为空隙比。

$$C = \frac{dV_a}{dV_m} = \frac{dV_a}{dV_a + dV_w} \tag{1-38}$$

掺气系数 $\beta$ 是混合物微小体积中空气体积与水的体积（$dV_w$）之比：

$$\beta = \frac{dV_a}{dV_w} \tag{1-39}$$

很明显，某点处的掺气浓度与掺气系数有如下关系：

$$C = \frac{\beta}{\beta + 1} \tag{1-40}$$

同理，掺气水流某点处的含水浓度 $C_w$ 表示该微体积中水的体积所占的比例：

$$C_w = \frac{dV_w}{dV_m} = \frac{dV_m - dV_a}{dV_m} = 1 - C \tag{1-41}$$

$$C_{\mathrm{w}}=\frac{1}{\beta+1} \tag{1-42}$$

对于明渠自掺气水流的传统研究认为，对于未达到全断面掺气的明渠掺气水流，其垂向结构基本分为三个部分：水点跃移区、气泡悬移区和清水区。其中高浓度区域主要为水点跃移区，低浓度区主要为气泡悬移区。对于坡度较缓的情况(小于 30°)，气泡悬移区域相对明显增大，随着流量的增大，高浓度区明显缩小，水点跃移运动对于水流掺气浓度的贡献量已不是主要因素。通过高速摄像机(分辨率 512PPI×348PPI，拍摄频率 3000fps)对明渠水流形态进行拍摄的结果表明(坡度 30°)，在水体内部，有明显的空气卷吸进入水体，在清水区上部以单个空气泡的形式随水流向下游运动，如图 1-6(a)和(b)所示，而掺气水流自由面呈现出高度不平整及扭曲变形的形态，表现为连续的、凹凸相间的波状起伏，如图 1-6(c)所示，掺气水流上部并没有一个明显的介于气泡悬移区和上部空气层的水点跃移区，当水流速度达到 9m/s 左右时，出现了少量水体脱离水面，以水点跃移的形态抛向水流自由面以上的空气中，如图 1-6(d)所示。

(a) 高掺气区　　(b) 掺气发展区

(c) $V_{\mathrm{mean}}$=7m/s　　(d) $V_{\mathrm{mean}}$=9m/s

图 1-6　明渠掺气水流形态(图中水流方向均为自左向右)

一些学者通过对明渠水流掺气形式的不同提出了自掺气水流垂向概化结构[16-18]，认为自掺气水流运动所携带的空气应该由两部分组成，一部分是从水流自由面卷吸进入水体内部以单个气泡形式输移的空气(entrained air)；另一部分则是凹陷在自由面变形之间与大气相连的空气(entrapped air)，也称为“捕获空气”(图 1-7)。这两部分的含气总量构成了水流中的掺气浓度。

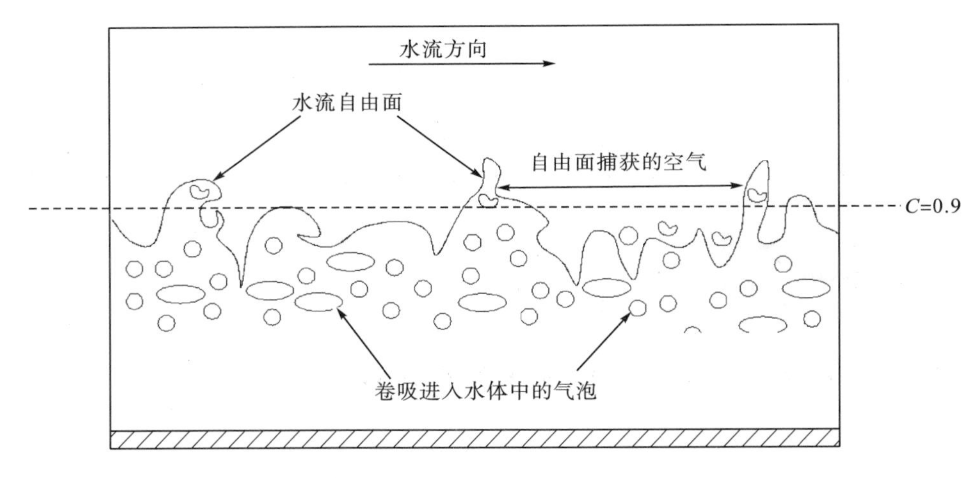


图 1-7 气水流自由表面不平整“捕获”空气示意图[17]

Killen[16]对不同坡度条件下掺气水流中所携带的两部分空气进行了浓度测量，得出了两种空气在总含气量中所占的比例(图 1-8)。其试验中水流断面平均掺气浓度变化范围为 0.2～0.6。对于高浓度区($C$>0.5)，可以看出“捕获空气”所占掺气浓度比例较大[图 1-8(a)]，并且随着掺气浓度的增大，捕获空气比例急剧上升，当 $C$>0.8 时，“捕获空气”形成掺气形式所占比例达到 60%以上，说明在高浓度区，水流自掺气的主要形式是由于水面变形所导致的；对于低浓度区($C$<0.5)，卷吸进入水体的气泡占对应点掺气浓度的比例较大[图 1-8(b)]，气泡浓度比例均在 60%以上，说明在低掺气浓度区水流掺气的主要形式是由于卷吸进入水体的散粒体气泡。

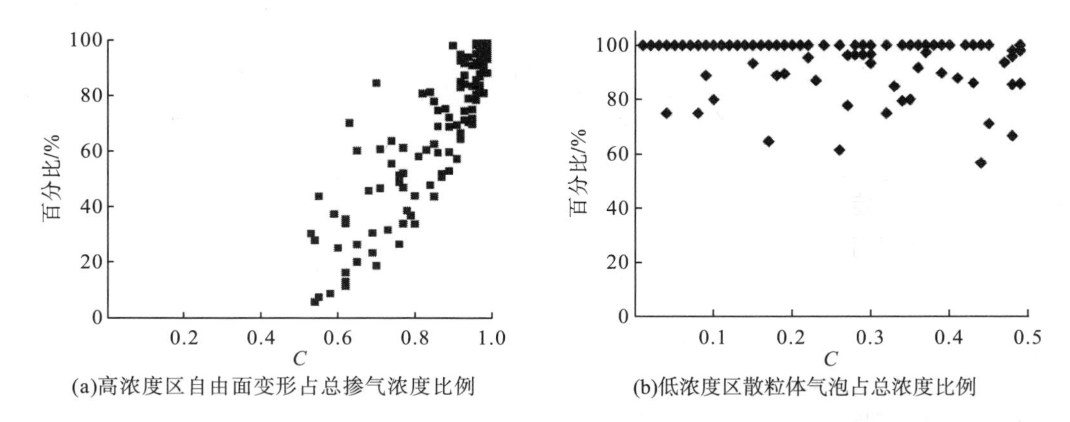


(a)高浓度区自由面变形占总掺气浓度比例　(b)低浓度区散粒体气泡占总浓度比例

图 1-8 掺气形式与掺气浓度中比例分布[16]

# 第2章　明渠水流自掺气机理

明渠水流在流动过程中，随着速度的增加，在一定条件下，大量空气通过水流自由面进入水体，形成自掺气水流。明渠自由面掺气机理至今仍是国内外学者研究的重要课题，目前基本一致的认识是气泡卷吸进入水体是由于自由面和紊动相互作用的结果，当自由面涡体紊动强度达到一定程度时，可以使局部水体脱离自由面形成水点，并在回落过程中携带空气进入水体，形成气泡随水流一起运动。一些实验结果也证明了水点回落确实可以携带空气进入水体。但是，通过分析大量水滴冲击自由面卷入空气的试验结果表明，静水与动水条件下水点冲击并能够形成气泡的条件相对非常严格，其他自由面卷吸气泡往往无法达到此条件，水滴回落掺气理论存在明显的不足。

Rein[19-21]通过涡体能量理论和动力学理论对明渠自由面局部涡体的运动重新进行了理论分析，发现水流形成局部水点跃移的条件与试验中所观察到的水点跃移情况明显不符，理论计算出的水点跃移临界条件和高度明显偏小，紊动产生的涡体能量小于通过实验现象反推得到的涡体能量。此外，当水流速度小于临界自掺气流速时，同样可以观察到自由面卷吸气泡的情况。以上说明水点回落掺气并不能完全解释自掺气形成机理。

本章通过对二维明渠水流自由面在紊动作用下的形态演变过程进行理论分析，解释气泡卷吸与自由面形态的关系，同时结合高速动态采集系统对明渠自掺气水流进行试验研究，观察自由面紊动变形和气泡卷吸过程，从自由面形态角度解释自掺气形成机理。

## 2.1　自掺气成因

目前明渠自掺气水流形成的基本原因普遍认为是由于水流本身的紊动造成的，随着水流紊动发展达到一定临界条件时，水流自由面即发生自掺气现象。但是对于自掺气发生的具体过程，目前仍有以下不同的理论。

### 1.表面波破碎掺气

这种理论认为两种不同密度的流体，因流动速度不同，交界面上就会产生波浪，当二者速度差大于波浪传播速度时，波浪就会继续发展，最后波浪破碎，卷入空气，形成自掺气水流(图2-1)。

伏依诺维奇和舒华兹[22]根据两种不同密度流体交界面上传播速度方程进行推导，求得当水流自由面流速大于10.45m/s时，相当于平均流速大于7.5～8m/s，水流即发生自掺气。

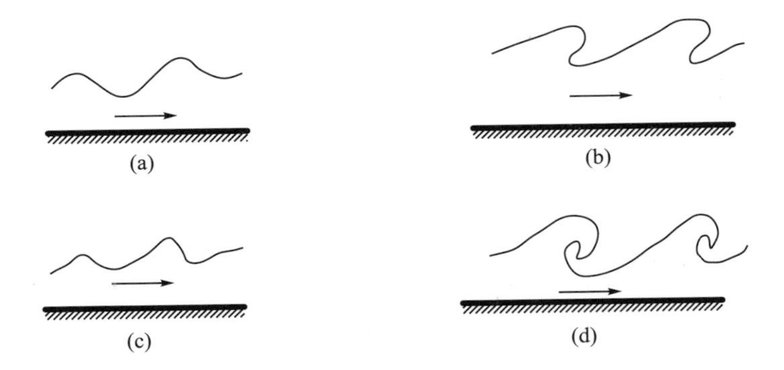


图 2-1 表面波破碎掺气概化图

通过试验观察，这一理论与实际情况不甚符合。

(1) 水流自掺气发生时的流速与实测资料出入很大，实际工程中，有的水流速度仅达到 3m/s 时就开始掺气。

(2) 自掺气开始时并没有发现波浪，而实际情况是液面像沸腾的水点一样跳跃。

(3) 有学者实地观测原型溢流坝时发现，当溢流坝坝顶水头增加，坝面流速也随着增加时，坝面上开始掺气的起始点并不是向上游移动，而是向下游移动，这与表面破碎波理论是矛盾的。所以表面破碎波理论至今没有得到发展。

## 2.跃移水点回落掺气

当固壁边界形成的水流内部紊动边界发展至水面，使紊动暴露在空气中，随着紊动的继续发展，水流自由面局部水体克服重力和表面张力的作用，以水点的形式离开自由面，跃移至空气中，当水点重新回落到水体时，卷入空气以气泡形式随水流一同运动，形成自掺气水气二相流。其掺气过程概化如图 2-2 所示。

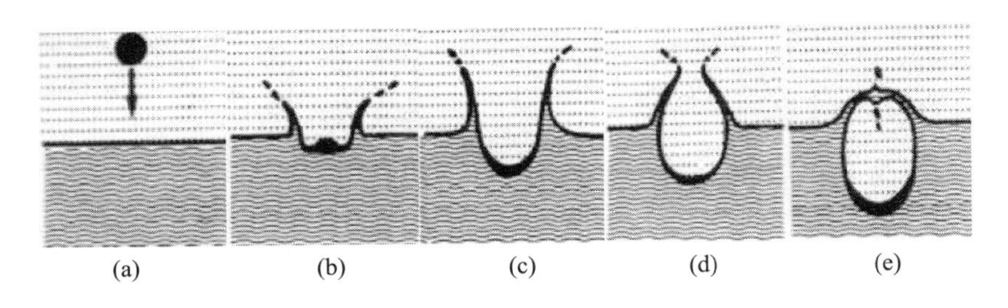


图 2-2 水点回落掺气过程概化图

包括我国学者在内的许多研究学者均对这一过程进行了试验研究和理论分析。Volkart[23-24]采用频闪观测仪捕捉到了从水体中伸出的“水柱”和一些被抛起的水滴，并以此作为“水滴回落而导致掺气”观点的试验基础。Medwin 等[25]、Cole 和 Liow[26]针对水滴冲击静止水面和运动水面过程中的动力学过程进行了试验和理论研究，分析了水滴尺寸和冲击速度对自由面凹陷卷入气泡的影响。吴持恭[8]通过涡体运动和能量理论分析，认为紊动边界层发展使紊流暴露在水面是自掺气发生的必要条件，而水面附近局部涡体克服重

力和表面张力的作用以水点的形式跃出自由面是自掺气发生的充分条件，并由此提出自掺气发生的临界条件为

$$E_e > E_\sigma + E_G \tag{2-1}$$

其中，$E_e$ 为涡体水流脱离自由面临界时刻的瞬时动能；$E_\sigma$ 为表面张力自由能；$E_G$ 为涡体水流重力势能。

### 3.紊动与水面相互作用导致掺气

当明渠水流全断面发展为紊流状态后，即水流紊流边界层与自由水面相交后，水流内部分布着不同尺度的紊动涡体，水面附近涡体运动产生的脉动压强和自由面相互作用[27-30]，导致自由面形成大小不一、上凸下凹的形态。当水流自由面附近某一涡体的运动导致一个垂直于自由面的脉动速度，从而导致水面向下凹陷或向上凸起，形成“弹坑”状，在此运动过程中涡体紊动需要克服水体中产生压力、水面产生表面张力的作用[31-33]。当这一脉动强度达到一定程度时，受到脉动压力、横向切应力、惯性作用或表面张力的影响，水面“弹坑”在某一位置可能会闭合而包裹住坑内空气，形成气泡掺入水流中。这一过程概化如图 2-3 所示。

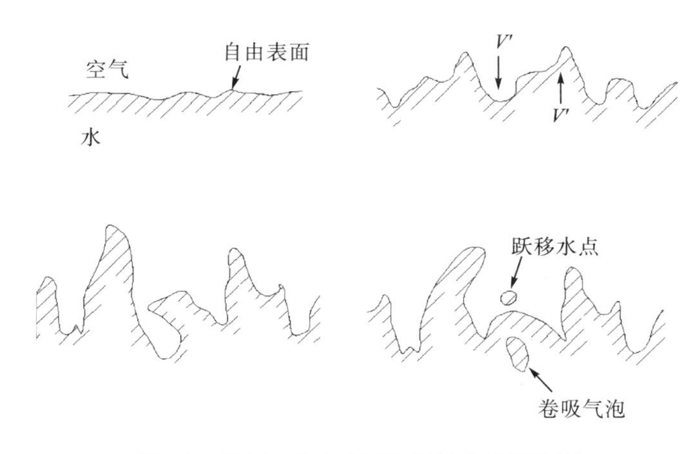


图 2-3　掺气水流自由面与附近涡体概化图

Falvey 和 Ervine[34]对不同自由面卷吸气泡的过程进行了试验研究，包括明渠自掺气、水跃、跌流等，归纳总结发现：水流自由面在紊动作用下形态极不规则，存在明显的柱状、团状突起，并且形态在短时间内急剧变化，跃起的局部水面波的倾倒包裹，两个水柱、水面波的聚并包裹，或者局部自由面旋涡的卷吸都会造成空气卷吸掺入水流中。张法星通过对自由面在涡体作用下的受力过程进行分析，得到自掺气水流涡体运动卷吸气泡的临界掺气条件为

$$v' \geqslant v'_{\mathrm{crit}} = 5.714\sqrt{\frac{g\sigma\cos\alpha}{\rho}} \tag{2-2}$$

其中，$v'$ 为涡体在垂直于自由面方向的脉动速度，代表自由面附近涡体运动强度；$v'_{\mathrm{crit}}$ 为卷吸气泡临界脉动速度；$\sigma$ 为水的表面张力系数；$g$ 为重力加速度；$\alpha$ 为坡度；$\rho$ 为水流密度。

以上两种自掺气机理的共同点是，掺气是由自由面的紊动引起的，即当水流紊动发展至自由面时，自由面在紊动作用下发生跃移水点回落或凹陷闭合形成掺气水流，根据这一认识许多学者对自掺气发生点进行了研究，认为自掺气发生点位置与渠道的坡度、糙率和水流流动特性有相关关系，并建立了不同的掺气发生位置经验公式[29, 35-38]，即

$$L_i \sim f(\delta, \ \alpha, \ k_s, \ Fr, \ Re) \tag{2-3}$$

式中，$\delta$ 为渠道底部紊动边界层沿程发展厚度；$\alpha$ 为坡度；$k_s$ 为渠道粗糙度；$Fr$ 为水流弗劳德数；$Re$ 为水流雷诺数。

一些实验结果也证明了水点回落确实可以携带空气进入水体，但是，通过分析大量水滴冲击自由面卷入空气的试验结果表明，静水与动水条件下水点冲击并能够形成气泡的条件相对非常严格，其他自由面卷吸气泡往往无法达到此条件，水滴回落掺气理论存在明显的不足。

本章将通过对二维明渠水流自由面在紊动作用下的形态演变过程进行理论分析，解释气泡卷吸与自由面形态的关系，同时结合高速动态采集系统对明渠自掺气水流进行试验研究，观察自由面紊动变形和气泡卷吸过程，从自由面形态角度解释自掺气形成机理。

## 2.2 自掺气临界条件

### 2.2.1 自由面紊动变形理论分析

明渠水流自由面在局部紊动涡体作用下的二维变形过程如图 2-4 所示。某一时刻涡体具有向下的脉动速度（$v'$），涡体克服表面张力作用使局部自由面向下变形，自由面在此过程中受到涡体作用力。由于凹陷自由面水体重力与浮力相等，即向下凹陷变形过程就是涡体所具有的竖向脉动动能 $E_e$ 克服表面张力(表面自由能 $E_\sigma$)做功的过程。在某一临界条件下，表面张力不足以平衡脉动动能，自由面就会发生扭曲，出现失稳的状态。这个过程中由于水流横向脉动速度（$v_1'$，$v_2'$）的存在，处于凹陷的自由面在横向脉动速度的作用下有可能会发生闭合，即形成气泡进入水体中一同运动。

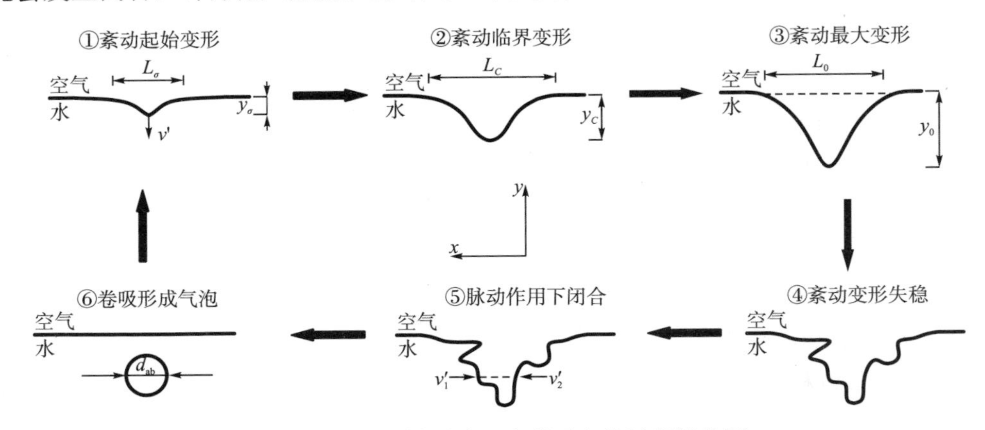


图 2-4 自由面紊动变形与卷吸气泡过程概化图

当涡体竖向脉动动能与表面自由能相等时，脉动动能恰好可以完全转化为表面自由能，作为自由面卷吸气泡的临界条件，即

$$E_e = E_\sigma \tag{2-4}$$

其中，涡体竖向脉动动能和表面自由能分别可以表示为

$$E_e = \frac{1}{2}\cdot\rho\cdot\frac{4}{3}\pi\left(\frac{D}{2}\right)^3\cdot v'^2 \tag{2-5}$$

$$E_\sigma = \pi r_C^2\cdot\sigma \tag{2-6}$$

其中，$v'$ 为涡体竖向（$y$ 方向）脉动速度；$\sigma$ 为表面张力；$\rho$ 为水体密度；$D$ 为涡体特征尺寸；$r_C$ 为该临界条件下自由面凹陷变形曲率。

对于涡体特征尺寸，由于涡体尺度代表水体紊动强度，尺度越大，水流紊动强度越高，因此采用 Prandtl 混合长度理论与明渠紊动边界层理论对涡体特征尺寸进行概化处理，即

$$D = \kappa\cdot\delta \tag{2-7}$$

其中，$\kappa$ 为卡门系数（取 0.40）；$\delta$ 为明渠底部沿程紊动边界层厚度。根据前人对紊动边界层的大量研究，如 Bauer[29]、Campbell 等[39]、Cain 和 Wood[40]、Wood 等[41]，其厚度满足指数分布定律，即

$$\frac{\delta}{x} = \eta\cdot\left(\frac{x}{k_s}\right)^{-\beta} \tag{2-8}$$

其中，$k_s$ 为明渠底板当量粗糙度；$x$ 为距离边界层起点位置沿程长度，为特征系数，其确定根据 Castro-Orgaz 的研究方法[42]，在此不再重复。

临界条件下凹陷水体自由面曲线底部端点位置的曲率半径 $r_C$，用于描述水流的变形形态，$r_C$ 值越小，凹陷变形越剧烈；$r_C$ 值越大，凹陷形态相对趋于平缓。根据 Rein 对自由面在紊动作用下的变形分析，可以假设自由面形态曲线为高斯曲线，对于临界条件下自由面底部端点的曲率半径为

$$r_C = \frac{L_C^2}{8y_C} \tag{2-9}$$

其中，$L_C$ 和 $y_C$ 分别为自由面凹陷变形临界状态下曲线的临界宽度和深度。由式（2-4）～式（2-6）可得到自由面凹陷变形曲率半径的临界条件：

$$r_C = \left(\frac{\rho D^3 v'^2}{12\sigma}\right)^{\frac{1}{2}} \tag{2-10}$$

当局部自由面实际凹陷变形曲率 $r_0$ 小于临界曲率半径（$r_0 < r_C$）时，自由面变形程度更大，自由面附近涡体运动更为强烈，表面张力不足以平衡涡体紊动运动。在这种条件下，变形自由面无法继续保持光滑完整，形态会进一步发展为松弛状态，受横向脉动速度的影响，在某一位置会发生闭合，从而形成气泡进入水体。自由面卷吸气泡的过程，整个状态可以看作是“捕获空气”向个体气泡发生的过程，同样可以看作是明渠自掺气的发生机理。当局部自由面凹陷变形曲率半径大于临界曲率半径（$r_0 > r_C$）时，自由面变形程度较小，表面张力在变形过程中可以平衡涡体的紊动运动，自由面形态可以保持完整。在这种条件下，认为不会发生卷吸气泡进入水体。可以看出，实际情况下由于涡体紊动作用导致自由

面变形对卷吸气泡有重要影响。接下来将分析实际水流紊动条件下自由面的变形情况。

### 2.2.2 自由面变形卷吸掺气临界条件

假设在水流自由面紊动变形过程中，表面张力始终可以平衡涡体竖向紊动作用，则会存在一个理论上的平衡位置，即涡体竖向紊动动能完全转化为表面自由能，此时自由面变形到达最大状态。在这一时刻，根据力学平衡条件，底部端点位置脉动压力 $p'$ 等于表面张力 $2\sigma/r_{\mathrm{m}}$ 和静压 $y_{\mathrm{m}}\rho g$ 之和。其中，$r_{\mathrm{m}}$ 为变形最大状态底部端点位置曲率半径，$y_{\mathrm{m}}$ 为对应时刻最大凹陷深度。Davies[43]认为自由面脉动压力与水流摩阻流速 $v_\tau$ 为二次方关系，即 $p'=C_1\rho v_\tau^2$。因此，理论最大变形条件下，自由面底部端点位置满足力学平衡条件：

$$C_1\rho v_\tau^2=\frac{2\sigma}{r_{\mathrm{m}}}+y_{\mathrm{m}}\rho g \tag{2-11}$$

当 $C_1=1$ 时，$v_\tau=v'$，满足一阶假设检验。水流平均流速 $V$ 与摩阻流速 $v_\tau$ 满足对数分布规律：

$$V=\frac{v_\tau}{\kappa}\ln\frac{Hv_\tau}{\nu} \tag{2-12}$$

其中，$\nu$ 为水流运动黏性；$H$ 为水流平均水深。根据前人对于明渠水流自由面紊动变形的理论和试验研究表明[11, 44-45]，$y_{\mathrm{m}}$ 的值满足经验条件：

$$y_{\mathrm{m}}\approx\frac{K}{g} \tag{2-13}$$

其中，$K$ 为自由面附近水流平均紊动能，为 $0.5v'^2$。因此综合以上关系，可以得到涡体紊动作用下水流自由面紊动的理论变形曲率半径为

$$r_{\mathrm{m}}=\frac{4\sigma}{\rho v'^2} \tag{2-14}$$

即 $r_{\mathrm{m}}$ 是在不考虑自由面失稳条件下自由面的最大变形程度。

从以上分析可以看出，影响自由面变形的水流条件包括平均流速和水深。图 2-5 为不同水流平均速度和水深条件下水流卷起气泡临界变形曲率半径 $r_{\mathrm{C}}$[式(2-10)]与理论变形曲率半径 $r_{\mathrm{m}}$[式(2-14)]的变化规律。

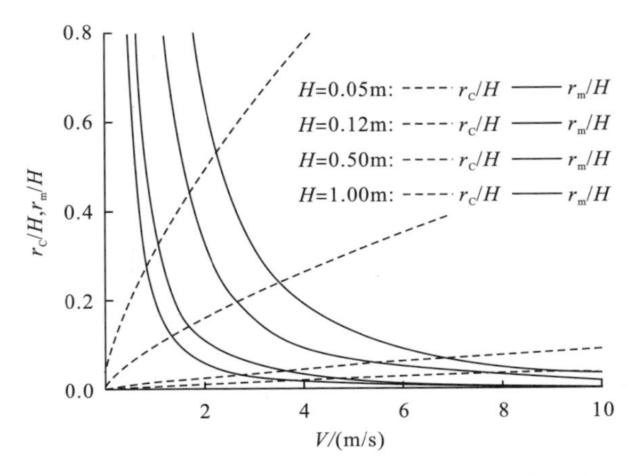


图 2-5 自由面卷吸气泡临界变形曲率($r_{\mathrm{C}}$)与理论变形曲率($r_{\mathrm{m}}$)

从图 2-5 中可以得出以下关系。

第一，随着水流平均速度 $V$ 和水深 $H$ 的增大，自由面紊动作用下理论变形曲率半径 $r_m/H$ 逐渐减小，单个自由面凹陷变形所具有的表面自由能逐渐降低，高流速和大水深条件下更有利于自由面发生较大程度的变形。

第二，当平均水深 $H$ 一定时，随着水流速度 $V$ 的增大，掺气临界自由面凹陷变形曲率半径 $r_C/H$ 逐渐增大，对应临界掺气自由面变形程度逐渐减弱。说明在自由面变形程度较低的情况下，在脉动作用下自由面就会达到失稳状态，进而发生自由面闭合卷吸气泡进入水体，掺气更容易发生。当平均流速一定时，随着水深的增大，掺气临界自由面凹陷变形程度逐渐增强，说明在水深较大的条件下，卷吸掺气对水流自由面变形程度的要求更高，掺气更难发生。根据摩阻流速断面分布公式可以看出，当水流平均流速一定时，自由面附近的摩阻流速随水深的增加而减小，即水流脉动流速减小，紊动程度相对较低，对应的紊动能较小，在紊动作用下形成自由面凹陷变形卷吸掺气时，单个自由面凹陷变形所具有的表面自由能相应减小(即只有在变形比较剧烈的情况下，紊动作用才能使变形发生失稳，进而卷吸气泡进入水体)，因此掺气发生的自由面变形条件在水深较大时相对更为苛刻。

第三，通过比较图中两条曲线可以看出，当水流平均速度较低时($V<2.5$m/s)，$r_m$ 曲线处于 $r_C$ 曲线上方，即 $r_m>r_C$，说明水流自由面理论最大变形程度小于掺气临界变形条件，自由面不会发生卷吸掺气；当水流平均速度较大时($V>3.5$m/s)，$r_m$ 曲线处于 $r_C$ 曲线下方，说明水流自由面理论最大变形程度大于掺气临界变形条件，自由面变形理论可以达到更为剧烈的程度，自由面会发生卷吸掺气。因此，可以将两条曲线交点对应的水流平均流速作为掺气临界流速，在平均水深 $H$=0.05～1m 范围内，理论条件下可以发生自掺气的临界水流速度为 2.5～3.5m/s。这也符合实际试验与工程中，当明渠水流速度为 3～4m/s 时就可以观察到自掺气发生的现象，而通过传统的水点回落掺气理论得到的掺气临界流速约为 6m/s[30-32]，无法解释低流速掺气现象。

## 2.3　自由面卷吸掺气试验观测

在四川大学水力学与山区河流开发保护国家重点实验室中，通过高速动态采集系统对明渠陡槽水流自由面变形及卷吸掺气过程进行观测，获取连续、动态、非接触的水面形态演变过程。陡槽边壁采用玻璃制作，底坡为 28°，采用有压进口接等宽明渠以提高水流入流速度，初始水深 12cm，明渠宽度 30cm，边墙高度 30cm，实验入流流速范围 4.2～7.6m/s。

由于明渠水流自由面变形导致气泡卷吸进入水体内部的过程非常短，为研究从自由面变形到卷吸气泡进入水体形成掺气水流的过程，采用高速动态分析采集系统对整个过程的发展变化进行观测分析。高速动态采集系统由高速摄像机、镜头组件、相机支架以及计算机等组成，试验所用高速摄像机最大分辨率为 1280PPI×1024PPI，拍摄速度为 6000fps，每幅图片曝光时间为 $1.67\times10^{-4}$s，图像像素尺寸为 12μm×12μm，所拍摄的空间范围是 35cm×12cm，距离有压出口位置为 30～65cm，距离水流进入陡槽底板初始位置 4.6m。由于图像采集过程曝光时间极短，试验采用一组 LED 直流灯管作为人工补充光源，通过提高光源强度来提高所采集图像的清晰度。试验中，保持摄像机镜头光轴与陡槽侧壁垂直，调整期中心与水流自由面基本位于同一高程，并将其聚焦于水槽中心线所在平面上。通过调整镜头与水槽之间的距离，既保证尽可能清楚地观察水流自由面变形，又尽量扩展拍摄的范围，以尽可能捕捉到自由面变形卷吸气泡进入水体中的全过程。

图 2-6 展示了两种不同水流速度（$V$=7.6m/s 和 $V$=5.5m/s）条件下，水流自由面变形以及卷吸气泡过程，水流沿图像右侧向左侧运动。在实际拍摄过程中，由于水流表面张力与陡槽侧壁面切应力的相互作用，产生了高出水面的贴壁水流，对观察水面以上的变形有一定影响，但水面向水体内部的变形观察得较为清晰，可以看到水流表面呈明显的凹凸不平形态。因此以清晰的水气交界面作为水流自由面，对各图中的自由面紊动变形与气泡卷吸过程进行概化，展示在图 2-7 中。在自由面整体运动过程中，局部水体凹陷变形过程必然与相邻两侧水体之间存在相互作用，单个局部水体变形的边界不容易确定。在本试验中，为统一标准，消除人为判断的误差，以凹陷两侧自由面突变或基本保持平行作为局部变形边界，以边界两点的直线距离为凹陷宽度 $L_\sigma$，以凹陷最低点到边界连线的垂直距离为凹陷深度 $y_\sigma$，以此计算局部变形曲率半径。

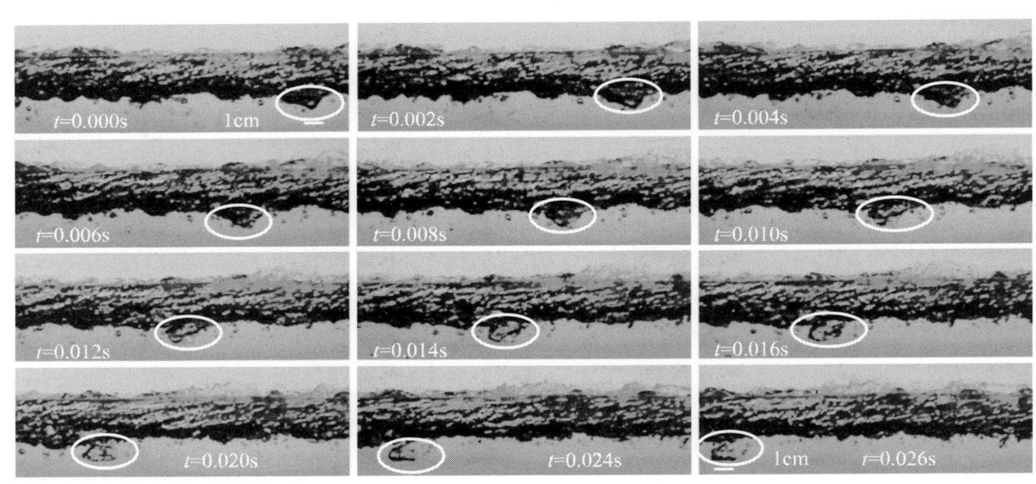


(a)$V$=7.6m/s，大气泡形成过程

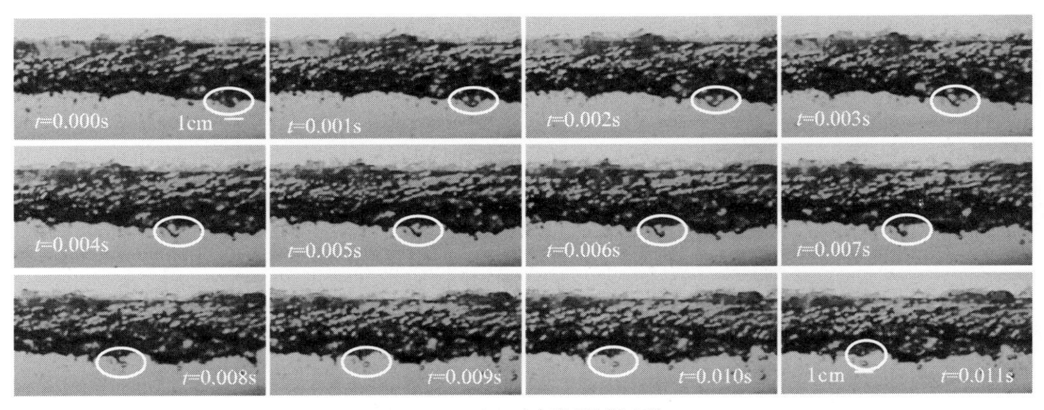


(b)$V$=7.6m/s，小气泡形成过程

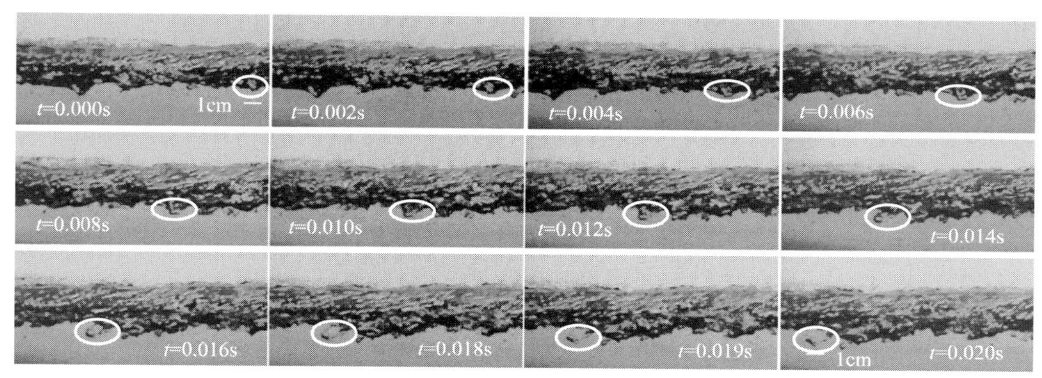


(c) $V$=5.5m/s，大气泡形成过程

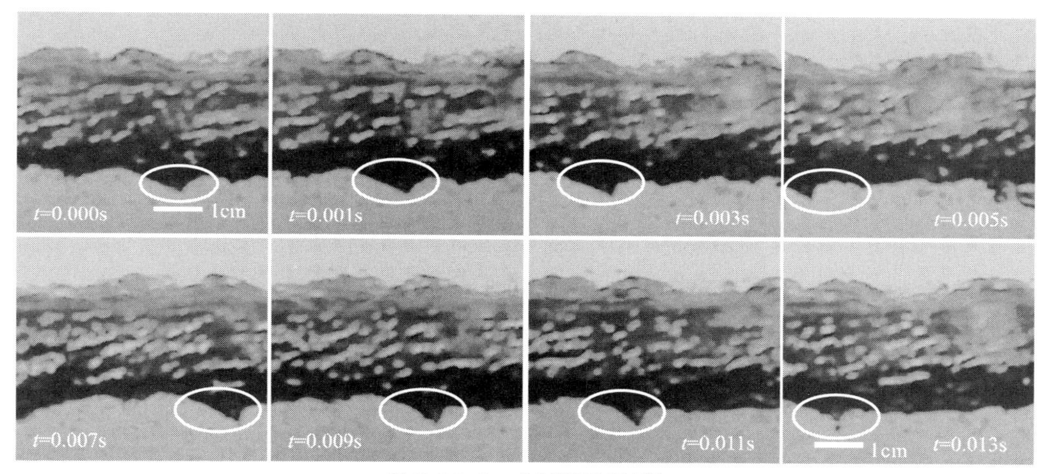


(d) $V$=5.5m/s，小气泡形成过程

图 2-6　自由面变形和气泡卷吸过程

当 $V$=7.6m/s 时，在图 2-7(a) 中，初始时刻位置($t$=0.000s)，可以观察到水流自由面存在一个局部凹陷位置，此时水流在 $x$ 方向与 $y$ 方向的变形尺度分别为 $L_{\sigma}$=29.2mm 和 $y_{\sigma}$=8.2mm，当凹陷位置随水流一起运动的过程中，可以看到凹陷深度不断向水流内部发展，并且凹陷形态基本保持稳定；当 $t$=0.010s，自由面凹陷变形达到最大，此时变形尺度分别为 $L_0$=31.4mm 和 $y_0$=9.9mm；在 $t$=0.008～0.014s 时，可以观察到凹陷水面发生了失稳，形态显示出十分松散的扭曲状；在 $t$=0.014～0.024s 时，水流自由面无规则的运动过程中发生闭合，逐渐形成一个存在完整自由面的气泡，并进入水体内部，气泡沿 $x$ 方向直径尺寸 $d_{ab}$=12.1mm($t$=0.026s)。在图 2-7(b) 中，初始时刻位置($t$=0.000s)，水流变形尺度分别为 $L_{\sigma}$=28.3mm 和 $y_{\sigma}$=5.6mm，自由面凹陷变形达到最大时($t$=0.005s)对应的 $L_0$ 和 $y_0$ 分别为 23.2mm、7.8mm，凹陷处自由面失稳发生在 $t$=0.005～0.008s，在 $t$=0.008s 时，可以明显观察到凹陷自由面在接近凹坑底部位置发生闭合，逐渐形成一个尺寸较小的气泡 $d_{ab}$=3.2mm($t$=0.011s)。在 $V$=5.5m/s 情况下水面凹陷变形及气泡卷吸过程与上述过程基本类似，从试验中观察到自由面闭合形成的尺寸较小的气泡($d_{ab}$＜5mm)形状基本为圆形，

而尺寸较大的气泡($d_{ab}$＞5mm)形状则比较复杂和多样，包括椭圆形、四边形、倒三角形等形状，并且自由面凹陷闭合形成大气泡所需的时间较形成小气泡的时间长，气泡进入水体后的形态由于受水流的作用也处于不断变化的状态。

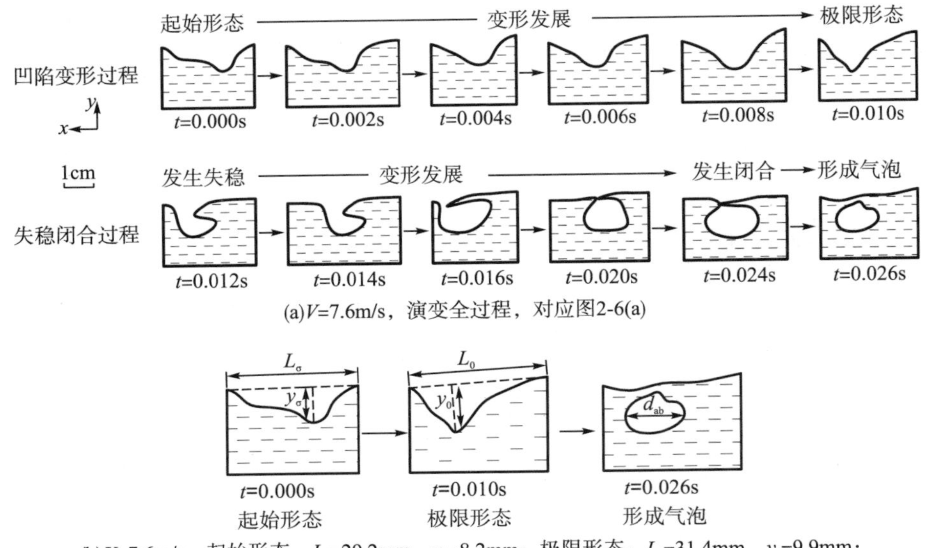


(a) $V$=7.6m/s，演变全过程，对应图2-6(a)

(b) $V$=7.6m/s，起始形态：$L_\sigma$=29.2mm，$y_\sigma$=8.2mm；极限形态：$L_0$=31.4mm，$y_0$=9.9mm；形成气泡：$d_{ab}$=12.1mm，对应图2-6(a)

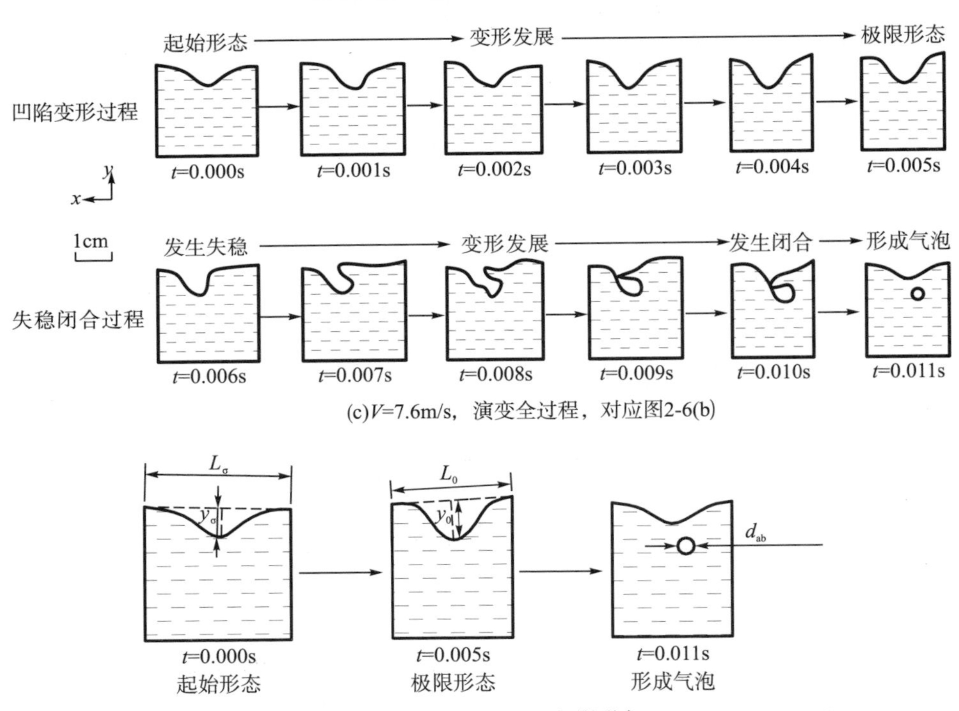


(c) $V$=7.6m/s，演变全过程，对应图2-6(b)

(d) $V$=7.6m/s，起始形态：$L_\sigma$=28.3mm，$y_\sigma$=5.6mm；极限形态：$L_0$=23.2mm，$y_0$=7.8mm；形成气泡：$d_{ab}$=3.2mm，对应图2-6(b)

图 2-7 水流自由面紊动变形和卷吸气泡演变过程概化图

从试验可以看出，上一节理论分析所采用的概化二维模型与所观察到的水面凹陷变形和卷吸气泡的过程基本一致，从起始状态发展到极限状态的变形过程中，在极短的时间内（$10^{-3}$～$10^{-2}$s），凹陷自由面形态保持光滑平稳，说明在此过程中表面张力可以克服紊动作用和两侧压差的影响；在发生失稳变形过程中，自由面呈不规则形态，在极短的时间内（$10^{-3}$～$10^{-2}$s），形态发生剧烈变化，说明此时表面张力已无法克服紊动和两侧压差的作用，而这种形态的急剧变化则是由紊动作用的随机性造成的；而卷吸气泡正是在紊动作用下自由面失稳过程中发生的两侧自由面闭合形成的，因此自由面卷吸气泡的过程可概括为：紊动凹陷变形—失稳不规则变形—两侧自由面闭合。

图 2-8 中，水流自由面凹陷变形达到最大时，一方面变形曲率半径 $r_0$ 基本均小于对应水流条件下掺气临界曲率半径 $r_C$，说明凹陷变形程度可以使自由面失稳，达到闭合卷吸气泡的能力；另一方面变形曲率半径 $r_0$ 均大于对应水流条件下理论曲率半径 $r_m$，这是因为在实际水流自由面紊动变形中，无法达到理论上的变形最大程度，在变形过程中当表面张力无法平衡紊动作用时，自由面即会发生失稳，因此对于发生卷吸掺气的情况，就应满足 $r_0>r_m$，试验数据与理论分析吻合良好。

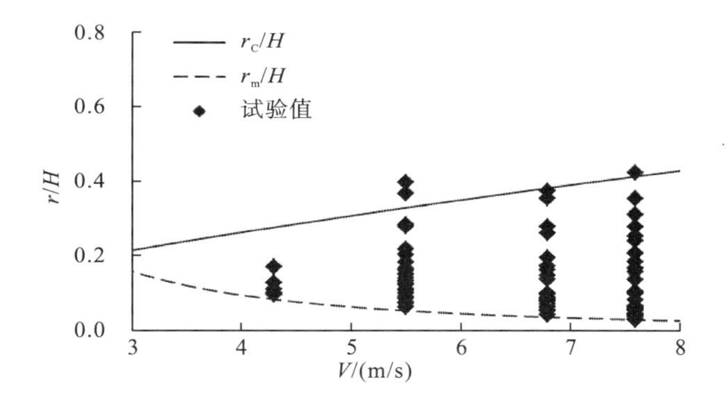


图 2-8　自由面卷吸气泡变形曲率试验值和理论值对比（$H$=0.12cm）

# 第3章　明渠自掺气水流发展特征

明渠水流自掺气发生后，水流沿程掺气程度不断增强，表现为水流掺气浓度沿程不断增大，气泡在水流紊动作用下不断向水流内部扩散，掺气区域逐渐向渠道底部扩展，这一区域属于自掺气发展区；当水流中气泡受紊动作用恰好可以平衡所受浮力作用时，气泡卷吸量与溢出量相等，水流沿程掺气浓度不再发生变化，这一区域属于自掺气均匀区。

已有研究主要是针对明渠自掺气水流中充分发展区的宏观水力特性，包括水流掺气浓度分布、掺气水深以及掺气水流流速特性等，建立了一系列自掺气均匀区水深、掺气浓度的计算方法；对自掺气水流掺气发展区的研究相对较少，并且研究成果集中于掺气浓度特性方面，对于水流条件和坡度自掺气发展的影响缺乏系统的研究。

本书在前人研究的基础上，从自掺气发展区中掺气区底缘向水流内部发展过程入手，对水流速度、水深、坡度对区域发展的影响进行试验研究。针对自掺气发展区中气泡特性及其与均匀掺气区中气泡特性的差异的研究资料相对缺乏，以及气泡特性与水流条件和渠道坡度之间的关系还没有系统的研究，本章将对自掺气水流掺气发展区中的气泡特性进行分析，研究水流及渠道条件对气泡数量、尺寸概率分布及其沿程变化规律的影响，以便更为全面地了解自掺气发展变化特性。

## 3.1　掺气区域发展特征

### 3.1.1　水流速度对自掺气发展的影响

首先，需要对自掺气区域底缘位置进行定义，据 Russell 和 Sheehan[46]试验成果，当壁面附近水体掺气浓度达 $C$=0.015～0.025 时，混凝土试件的空蚀破坏显著减少，在水利工程中，一般认为过流壁面附近水流掺气浓度达到 $C$=0.02～0.03 时，即可达到掺气减蚀的保护效果。因此在本试验中，以水流断面掺气浓度 $C$=0.02 的位置 $y_2$ 作为掺气区域底缘位置。图 3-1 展示了本试验掺气区底缘位置沿程变化情况，以无量纲参数 $y_2/d_0$ 表示掺气区底缘向水流中扩散的程度，$y_2/d_0$ 值越小，表示掺气区底缘越接近渠道底部，气泡在水体中的扩散范围越广，自掺气发展程度越大。

从图 3-1 中可以看出，在水流自掺气发展区前部[$0<x/d_0<$(60～80)]，底缘沿程变化梯度较大，随着自掺气向下游的发展[$x/d_0>$(60～80)]，底缘沿程分布逐渐趋于平缓。这说明在自掺气发展区开始阶段，掺气程度发展较为剧烈，随着自掺气逐渐向掺气均匀区发展，掺气程度增加沿程逐渐放缓，这一点与沿程断面平均掺气浓度变化所反映的现象是一

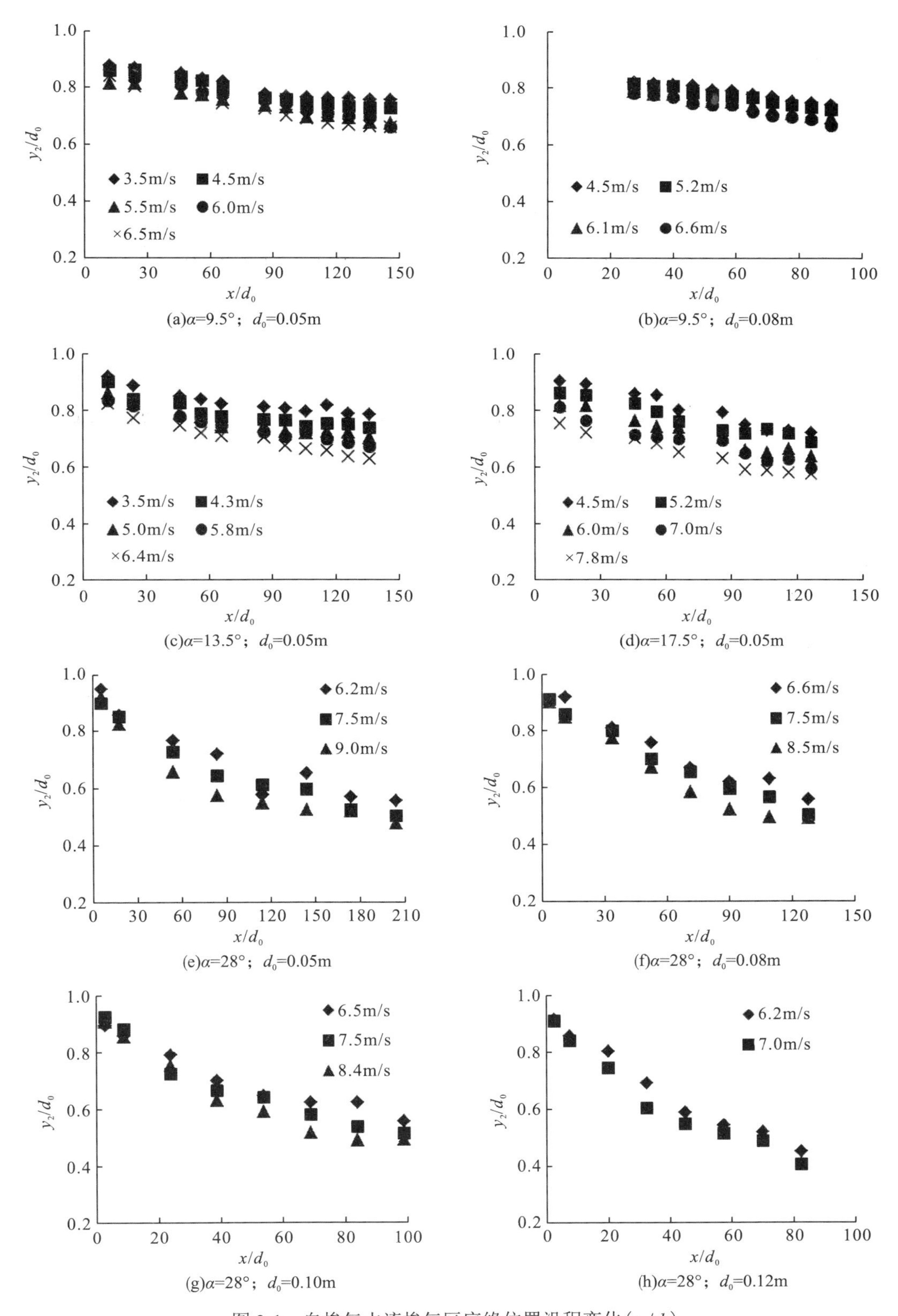


(a)$\alpha$=9.5°；$d_0$=0.05m

(b)$\alpha$=9.5°；$d_0$=0.08m

(c)$\alpha$=13.5°；$d_0$=0.05m

(d)$\alpha$=17.5°；$d_0$=0.05m

(e)$\alpha$=28°；$d_0$=0.05m

(f)$\alpha$=28°；$d_0$=0.08m

(g)$\alpha$=28°；$d_0$=0.10m

(h)$\alpha$=28°；$d_0$=0.12m

图 3-1　自掺气水流掺气区底缘位置沿程变化($y_2/d_0$)

致的。根据断面平均掺气浓度的测量结果，当距离有压出口断面位置 0.3m 时，$C_{mean}$=0.0396～0.0637，已有比较明显的自掺气发生，因此本试验中在有压出口与明渠连接位置水流即发生掺气，即自掺气发生点位置为 $x/d_0=0$。

图 3-2 展示了单宽流量和坡度相同条件下，明渠入流速度和水深不同时，$y_2/d_0$ 的沿程变化情况，图 3-2(a)中 $q_w=0.750m^2/s$(S4-8)和 $0.744m^2/s$(S4-10)，图 3-2(b)中工况 S4-9 和 S4-11 对应 $q_w=0.840m^2/s$。可以看出，两条曲线变化趋势并不一致，说明当明渠单宽流量与坡度条件相同时，气泡扩散规律并不一致，掺气向水体内部发展的趋势并不相同。因此，需要对水流条件的直接影响因素，即流速和水深对自掺气区底缘位置发展变化规律的影响进行研究。

表 3-1 对比分析工况表

| 工况 | $\alpha$/(°) | $W$/m | $d_0$/m | $V_0$/(m/s) | $q_w$/(m²/s) | $Re_0$/(×10⁵) |
|---|---|---|---|---|---|---|
| S4-8 | 28 | 0.40 | 0.10 | 7.5 | 0.750 | 3.4 |
| S4-9 | 28 | 0.40 | 0.10 | 8.4 | 0.840 | 3.8 |
| S4-10 | 28 | 0.40 | 0.12 | 6.2 | 0.744 | 3.2 |
| S4-11 | 28 | 0.40 | 0.12 | 7.0 | 0.840 | 3.6 |

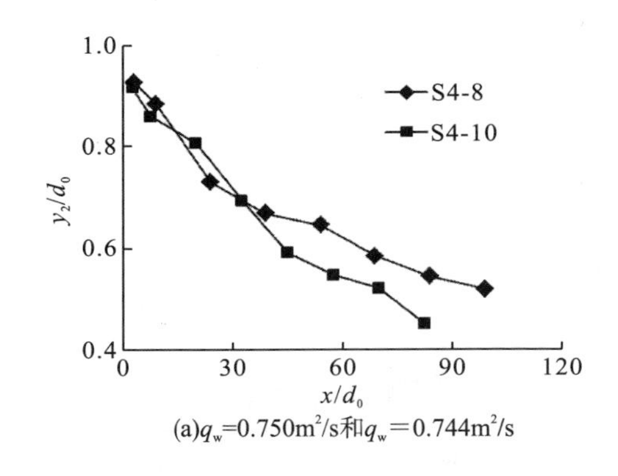

(a)$q_w=0.750m^2/s$和$q_w=0.744m^2/s$

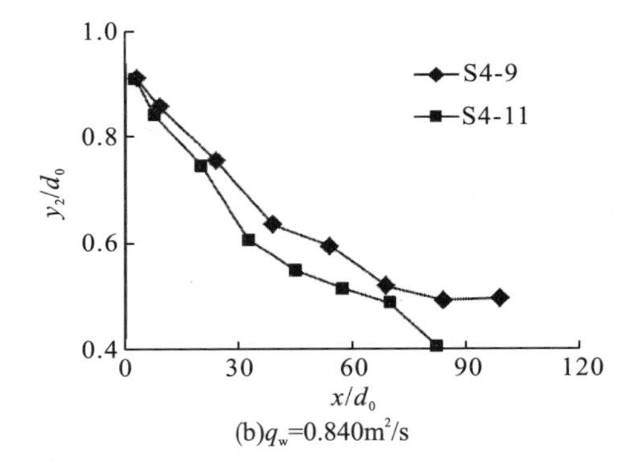

(b)$q_w=0.840m^2/s$

图 3-2 单宽流量和坡度相同条件下 $y_2/d_0$ 沿程变化

当渠道坡度和入流水深相同时，水流速度越大，掺气区底缘位置沿程分布越靠近渠道底部，气泡向水体内部扩散的速度越快，这主要是由于随着水流速度的增大，水体卷吸掺气能力越强，气泡在水体中受到的紊动作用越大，因而也更有利于克服气泡浮力作用使其向内部扩散。这在前人对水流掺气发展的研究中已经取得了比较一致的观点。

从图 3-2 可以看出，当流量和坡度相同时，入流速度小的工况(S4-10、S4-11)对应掺气底缘沿程变化曲线更接近渠道底部，水流自掺气扩散发展速度反而更快，速度对掺气发展的影响与之前分析并不一致，而导致这一现象的主要原因在于两工况的水深不同，因此，研究入流水深对掺气底缘发展和气泡扩散的影响规律就显得尤为重要。

### 3.1.2　水深对自掺气发展的影响

图 3-3 展示了坡度和入流速度相同时，不同入流水深条件下，自掺气区底缘位置沿程变化情况。可以看出，随着水深的增大，掺气区底缘沿程更接近渠道底部，说明掺气相对发展距离 $(x/d_0)$ 相同时，水深越深越有利于自掺气的发展，这种趋势随水深的变化范围增大而更加明显，水深大时不仅掺气底缘位置更靠近渠道底部，而且沿程的变化梯度也更大，发展速度也更快。根据之前对掺气发展的分析，流速相同，说明水流自由面卷吸空气的能力基本相同，那么水深对掺气发展的影响应为改变了水流的紊动条件，使气泡在紊动作用下的扩散强度发生了改变。

分析认为，当水流速度相同时，入流水深增大，使明渠水流的初始水力半径 $D_0$ 发生改变，根据明渠水力半径 $D_0$ 计算方法：

$$D_0 = \frac{Wd_0}{W + 2d_0} \tag{3-1}$$

其中，$W$ 为明渠宽度。在工况组 S1 中，当入流水深由 0.05m 增大至 0.08m 时，初始水力半径由 0.040m 增大为 0.057m；在工况组 S4 中，当入流水深由 0.05m 增大至 0.12m 时，初始水力半径由 0.038m 增大为 0.067m。在明渠水流中，固壁边界是水流唯一的紊动源，而水力半径则反映出明渠壁面特征对紊动的影响，明渠水流水力半径越大，雷诺数越大，紊动程度越高。因此，可以认为水深增大可以提高掺气底缘向水体中的发展速度的原因是，水深增大使水体紊动程度增大，有利于卷吸进入水体中的气泡在更强的紊动作用下克服浮力向水体内部扩散，提高自掺气向水体内部的发展速度。

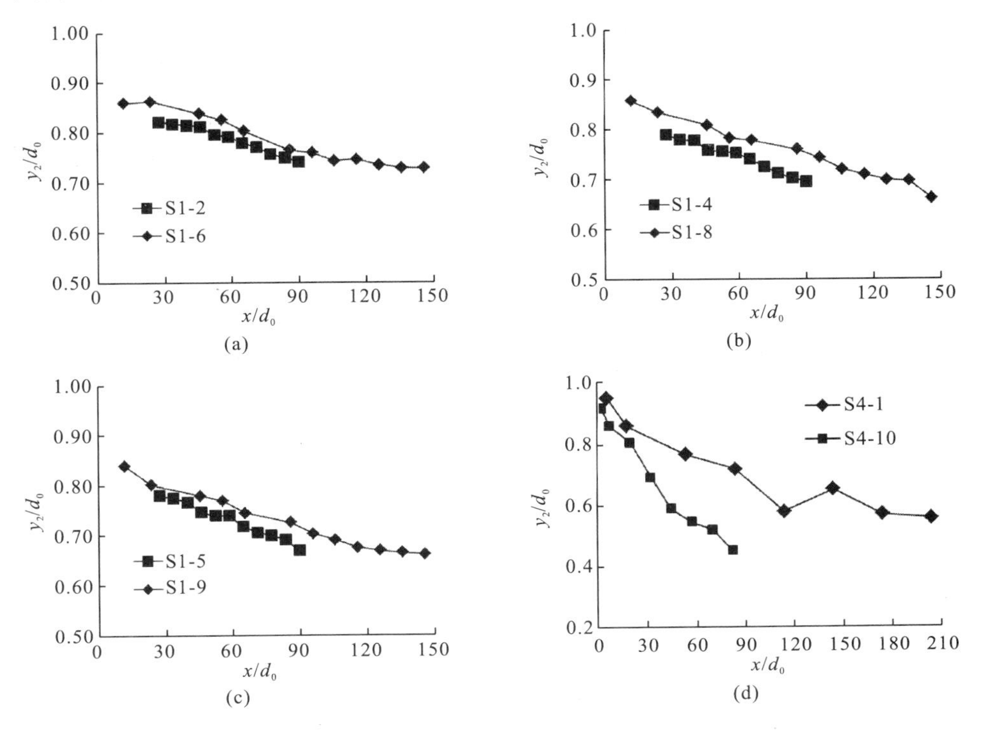

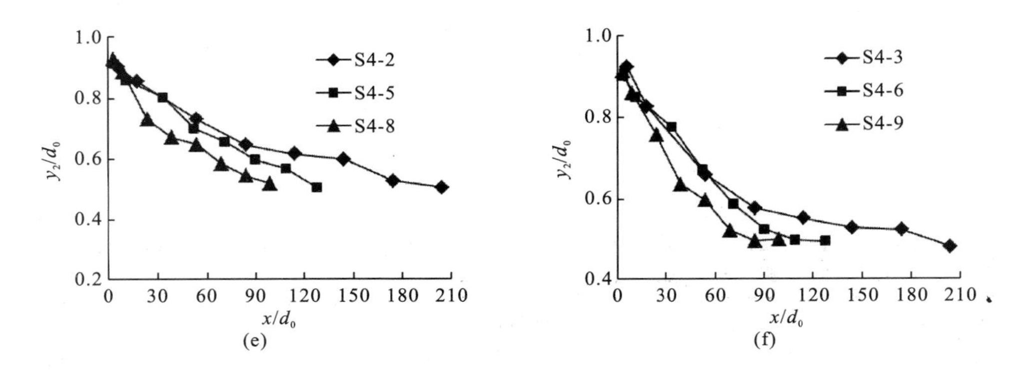


图 3-3 入流水深对自掺气水流掺气底缘发展的影响

在工况组 S4 中，水流初始水深和速度的变化可以综合反映水流初始弗劳德数 $Fr_0$ 和雷诺数 $Re_0$ 的变化，而弗劳德数代表水流流动特性，雷诺数代表水流紊动特性，二者分别定义如下：

$$Fr_0 = \frac{V_0}{\sqrt{gd_0}} \tag{3-2}$$

$$Re_0 = \frac{V_0 D_0}{\nu} \tag{3-3}$$

当水流弗劳德数基本相同时[图 3-4(a)～(c)]，$y_2/d_0$ 沿程变化无论是在趋势上还是在发展程度上均不一致，自掺气发展规律存在明显的差异。在图 3-4(d) 中，当 $Fr_0$=12.9 时，

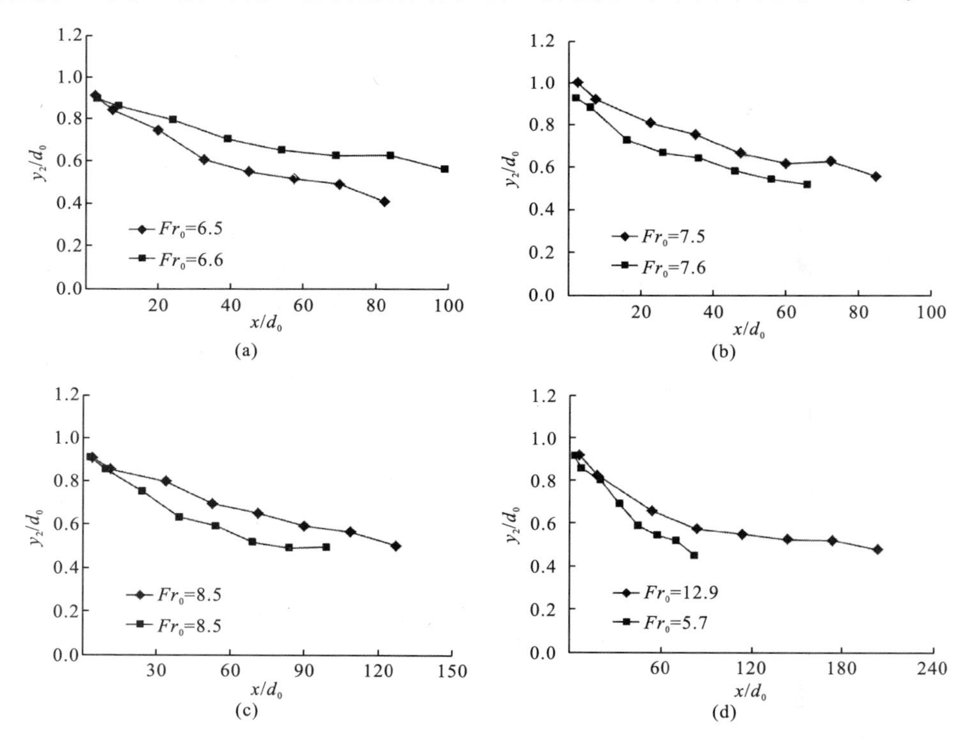


图 3-4 水流弗劳德数对自掺气区域底缘位置沿程变化的影响

$y_2/d_0$ 沿程变化趋势线位于 $Fr_0=5.7$ 工况之上，表明水流弗劳德数越大，掺气向水体内部扩散发展的速度反而越慢。以上说明自掺气向水体内部扩散发展的速度与水流弗劳德数之间没有明确的相关关系，水流流动特性无法反映自掺气在水体中的发展变化特征。

图 3-5 展示了工况组 S4 中雷诺数相同条件下的 $y_2/d_0$ 沿程变化。可以看出，当水流紊动条件相同时，自掺气区底缘位置的沿程变化趋势和发展程度基本一致，说明在渠道坡度相同的条件下，气泡向渠道底部的扩散规律与水流紊动程度有直接关系。图 3-6 为不同水流弗劳德数和雷诺数条件下的 $y_2/d_0$ 沿程变化，随着水流雷诺数的增大，$y_2/d_0$ 沿程向渠道底部的发展速度加快，气泡在水体紊动作用下的扩散能力增强，而弗劳德数对 $y_2/d_0$ 沿程变化规律的影响不明显，因此雷诺数更适合作为描述自掺气底缘位置沿程变化规律的水力参数，水流紊动程度可以比较合理地描述自掺气在水体内部的发展变化特征。

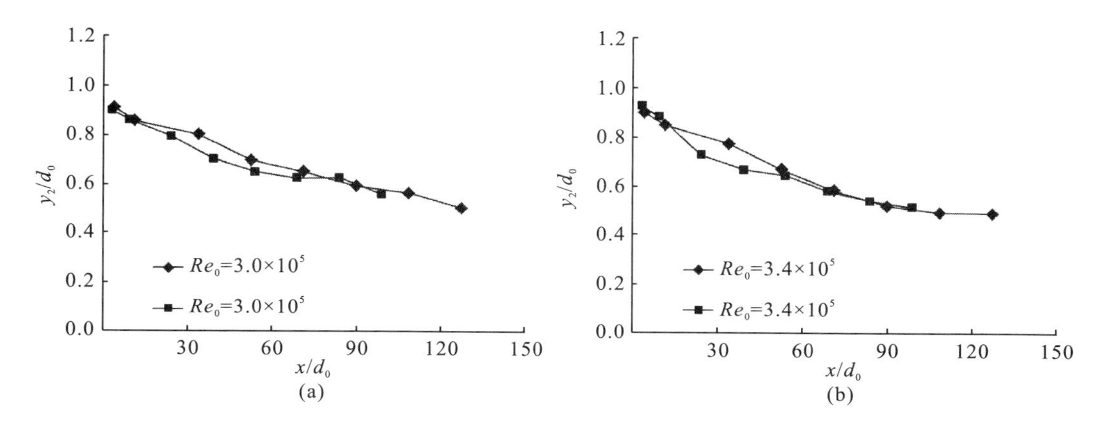


图 3-5　水流雷诺数相同时自掺气区域底缘位置沿程变化

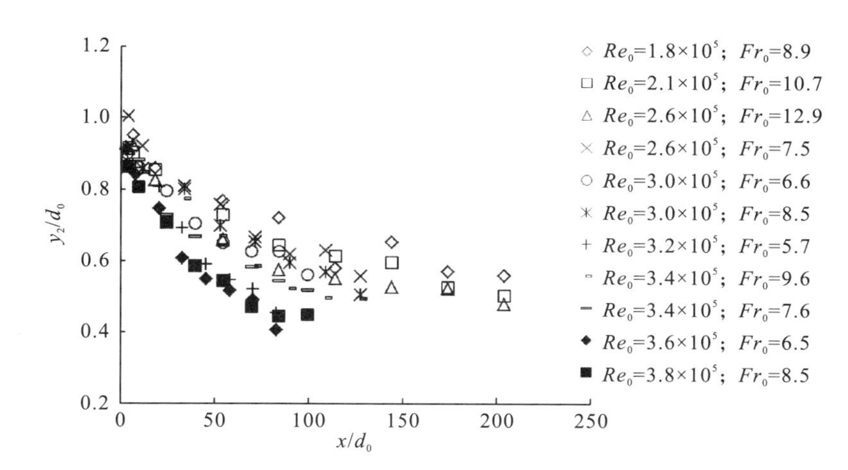


图 3-6　水流弗劳德数与雷诺数对自掺气区域底缘位置沿程变化的影响

掺气水流中气泡运动速度 $u_r$ 是水流紊动和浮力相互作用的综合反映，气泡运动速度越大，说明气泡在水体中的扩散程度越充分，掺气发展程度越大。$u_r$ 可根据恒定均与水气二相流连续方法进行求解。通过分别对自掺气水流和强迫掺气水流的前人试验以及原型观测结果进行分析[47-51]，结果如图 3-7 所示，对于自掺气水流[图 3-7(a)]，随着水流弗劳德数 $Fr_0$ 的增大，气泡运动速度 $u_r$ 变化无明显规律，即使 $Fr_0$ 相同时，$u_r$ 值也存在明显的差异，同时试验值与原型工程的测量结果也显示出在弗劳德数基本一致的条件下，气泡运动速度也存在数量级上差异，说明对于自掺气水流，代表水流流动特性的弗劳德数无法反映水流掺气发展特征；而对于强迫掺气水流[图 3-7(b)]，随着水流弗劳德数 $Fr_0$ 的增大，气泡运动速度逐渐增大，二者相关关系良好，说明对于强迫掺气水流，代表水流流动特性的弗劳德数可以作为反映水流掺气发展特征的水力参数。

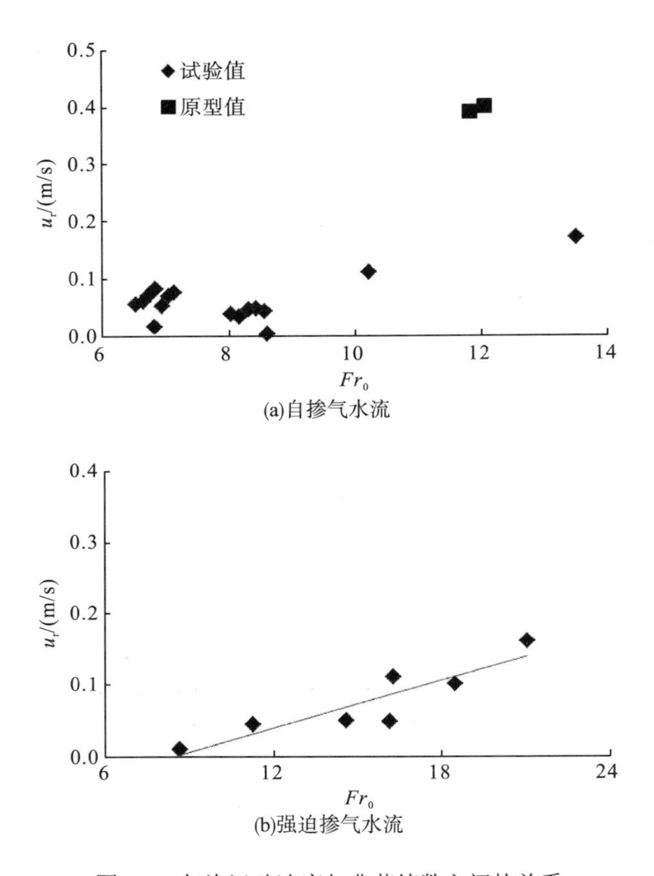


图 3-7 气泡运动速度与弗劳德数之间的关系

造成这种差异的原因是强迫掺气与自掺气在机理方面存在本质的不同。对于强迫掺气，水流在通过掺气设施(如掺气挑坎、掺气跌坎)时，由附壁运动瞬间发展为自由挑射运动，水流形式发生了改变，水流再次附壁时通过自由面与固壁边界的碰撞，流线发生剧烈变化进而使大量空气被卷入水中。其卷吸空气量与水流挑射过程中形成的空腔特性有直接关系，空腔长度越长、高度越高、回水越少，下游水流掺气量越大，掺气发展也越充分，反映在气泡运动速度上也就越大。而空腔特性与水流流动特性有直接关系，在渠道坡度相同的条件下，水流惯性力和重力之比越大，即弗劳德数越大，形成的空腔形态越好，通气量越大，掺气越充分。因此，在强迫水流中掺气特性与弗劳德数之间有明显的相关关系，弗劳德数可以反映出水流强迫掺气的发展变化特征。而对于自掺气，是由于水流自由面紊动的增加而形成跃移水点回落或者凹陷卷吸形成掺气，其掺气程度与水流紊动存在最直接的关系。

根据本试验的研究结果，水流速度和水深增大，掺气区底缘向水体内部的扩散速度增大，在此过程中水流弗劳德数不一定增大，甚至存在减小的情况[图 3-8(d)]，因此，以弗劳德数作为描述自掺气区域底缘变化特征的水力参数无法反映自掺气发展变化规律。

### 3.1.3　坡度对自掺气发展的影响

图 3-8 展示了水流雷诺数相同时不同坡度条件下自掺气区域底缘位置沿程变化情况。当雷诺数较小($Re_0<2\times10^5$)时，坡度在 $9.5°<\alpha<28°$ 变化范围内与 $y_2/d_0$ 沿程变化趋势基本一致[图 3-8(a)]；当雷诺数较大($Re_0>2.0\times10^5$)时，随着坡度的增大，$y_2/d_0$ 沿程变化趋势更快[图 3-8(b)～(d)]，掺气区向水体内部扩散的速度加快。试验测量结果说明，坡度对气泡向渠底扩散的影响与水流紊动程度有关，当水流紊动程度较低时，坡度对气泡扩散的影响相对不明显，随着水流紊动的增强，坡度的影响越为显著。

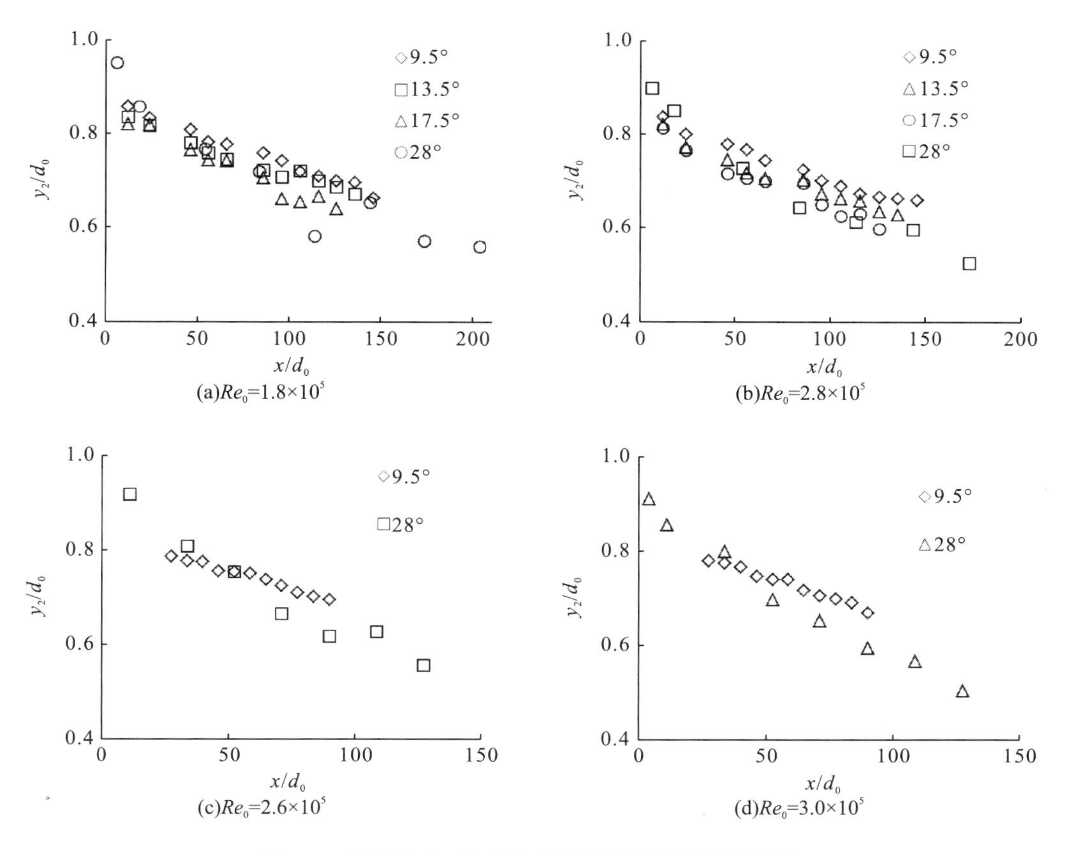


图 3-8　渠道坡度对自掺气区域底缘沿程发展的影响

空气通过水流自由面卷吸以气泡形式进入水体中后，其在水体中的扩散运动主要受到水流紊动和自身浮力的影响，气泡向渠道底部的发展是水流紊动克服气泡浮力作用的过程。取水体中的一个独立气泡进行分析，在一定渠道坡度 $\alpha$ 条件下，气泡向渠道底部输移的条件是紊动涡体对气泡法线方向的瞬时脉动压力 $p_b'$ 大于气泡所受浮力的作用，以相应的瞬时速度 $v'$ 向水体内部运动，而气泡浮力的方向始终为竖直向上，因此浮力对于气泡向渠底运动的约束作用力为 $F_b \cdot \cos\alpha$[图 3-9(a)]。随着坡度的增大，$F_b \cdot \cos\alpha$ 逐渐减小，说明浮力对于气泡向渠底运动的约束逐渐减小，当 $\alpha=0°$ ，即平坡渠道中[图 3-19(b)]，浮力完全约束气泡向渠底运动；当 $\alpha=90°$ ，即附壁垂直射流中[图 3-9(c)]，气泡沿垂直于渠道方向的运动不受浮力作用的约束，仅与在该方向上的水流紊动强度有关。因此，相同条件下坡度越大，气泡越容易在紊动作用下向渠道底部扩散。

此外，对于渠道坡度相对较缓的情况，从以上分析可知气泡浮力对气泡在紊动作用下向渠道底部扩散的约束还是比较显著的，如在本试验中坡度由 9.5° 增大至 28° ，气泡浮力约束理论上仅减小了 10.5%。因此，在水流低紊动条件下，这种差异相对较难体现。随着水流紊动的增强，气泡扩散的“动力”有了比较显著的增大，气泡紊动扩散对于浮力约束的减小也越敏感，坡度对自掺气区底缘位置沿程变化的影响也越明显，这再次说明自掺气水流掺气发展过程是水流紊动与浮力之间相互作用的发展变化过程。

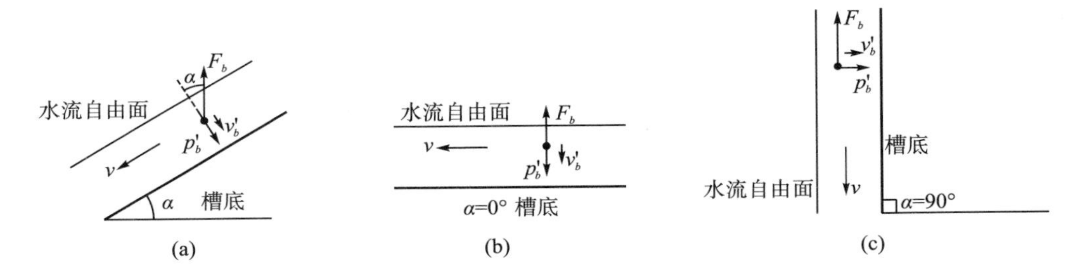


图 3-9 坡度对气泡扩散影响示意图

### 3.1.4 掺气区域发展变化规律

对于明渠自掺气水流，气泡在水体中的扩散规律建立在物质扩散和紊动扩散的假设基础上，因此影响掺气扩散的因素主要有两个：扩散体(水)中的扩散物(气)浓度和扩散体(水)的紊动强度。3.1.1 节和 3.1.2 节分析得出水流速度和水深对掺气扩散的影响主要为水体的紊动强度，接下来分析水流掺气程度对气泡扩散的影响，即水流断面平均掺气浓度对掺气区底缘位置发展变化的影响。

图 3-10 展示了在相同坡度条件下，明渠水流自掺气区底缘位置与断面平均掺气浓度之间的关系，由于断面平均掺气浓度与 $y_{90}$ 位置相关，所以采用 $y_2/y_{90}$ 对比掺气区底缘位置。可以看出，随着断面平均掺气浓度的增大，$y_2/y_{90}$ 值逐渐减小，说明随着掺气程度的不断增大，气泡向渠道底部的扩散越充分；同时，同一坡度下掺气区底缘位置变化趋势基本一致，同组中各工况变化趋势基本平行或重合，说明断面平均掺气浓度对气泡扩散速度的影

响基本一致。根据本试验的测量结果，可以看出掺气区底缘位置与断面平均掺气浓度近似呈线性关系。

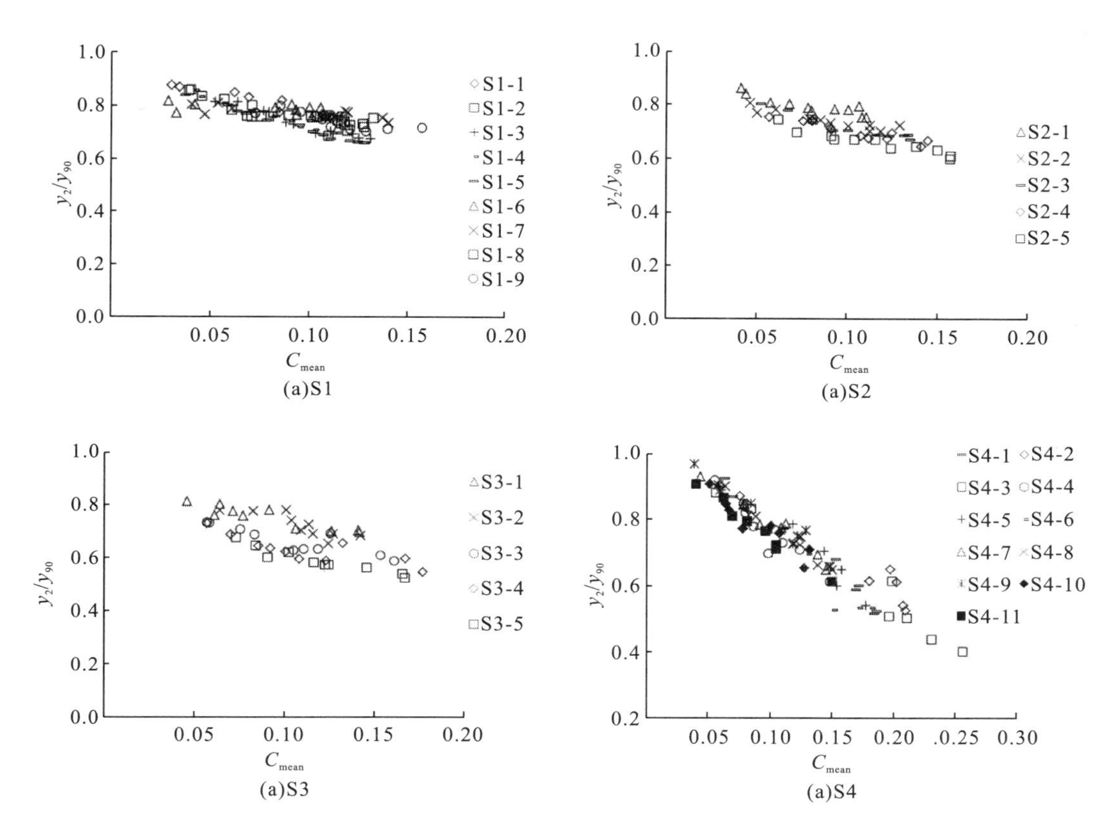


图 3-10　自掺气区域底缘与断面平均掺气浓度之间的关系

在相同水流断面平均掺气浓度、入流水深和坡度条件下，随着入流速度的增大，$y_2/d_0$ 值逐渐减小，如图 3-11 所示，掺气区域底缘靠近渠道底部，气泡扩散程度提高，说明在掺气程度相同的情况下，速度越大，水流整体的紊动程度越大，有利于气泡在水体的扩散。

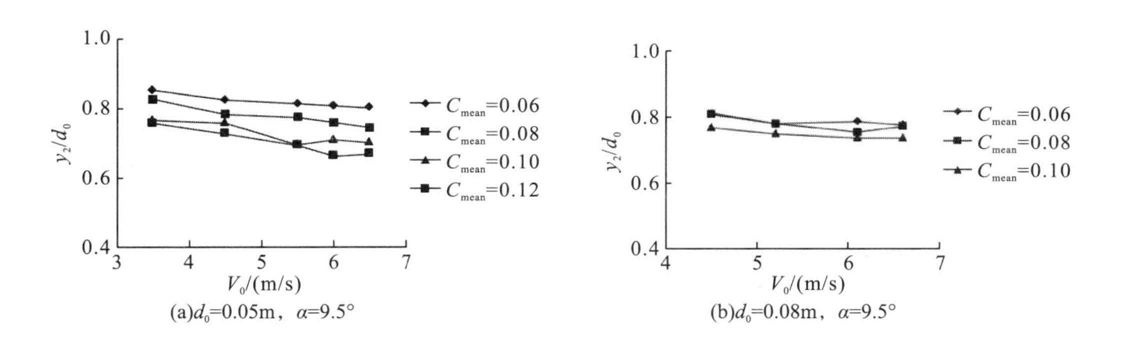

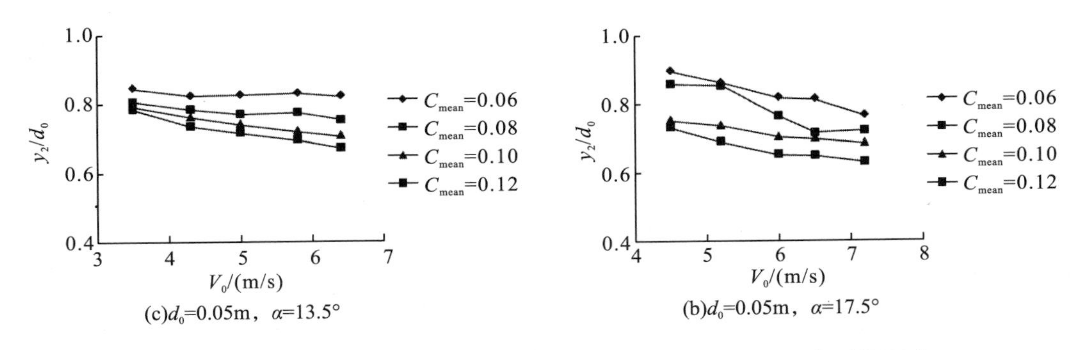


图 3-11 断面平均掺气浓度相同时入流速度对自掺气区域底缘位置的影响

在相同水流断面平均掺气浓度、入流速度和坡度条件下，随着入流水深的增大，$y_2/d_0$ 值逐渐减小(图 3-12)。这说明在掺气程度相同的情况下，水深的增加确实可以通过增大水流水力半径，提高水流的紊动程度使气泡在水体中的扩散更为充分。从图 3-12 中还可以看出，在水流掺气程度较低的情况下($C_{mean}$=0.06)，水深对掺气发展的影响相对较弱，随着水流掺气程度的增大，$y_2/d_0$ 值随水力半径的增大而减小的变化梯度明显增加，当 $C_{mean}$=0.06 条件下，在 $V_0$=6.5m/s、7.5m/s、8.5m/s 三个不同流速工况中的变化率依次为 11.5%、2.0%、6.5%；当 $C_{mean}$=0.15 条件下，在 $V_0$=6.5m/s、7.5m/s、8.5m/s 三个不同流速工况中的变化率依次为 43.6%、40.6%、20.4%，说明水深对气泡紊动扩散的影响在平均掺气浓度较大的情况下更为显著。

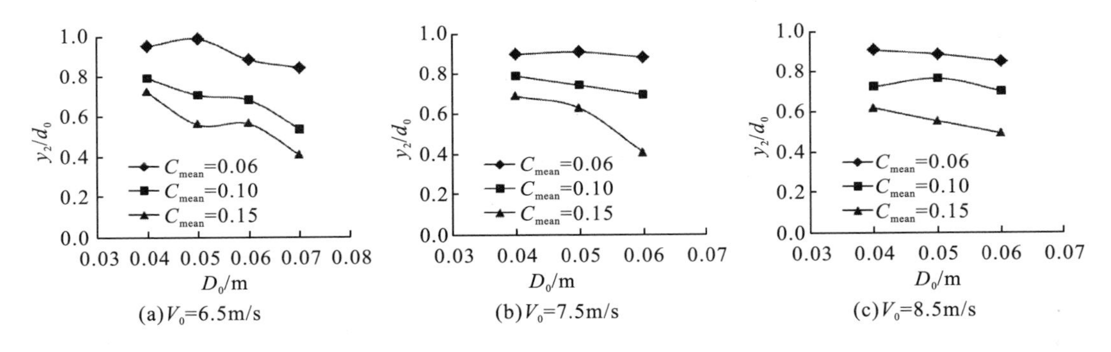


图 3-12 断面平均掺气浓度相同条件下入流水力半径对自掺气区域底缘位置的影响($\alpha$=28°)

通过以上分析可以发现，影响水流自掺气发展的三个因素：入流速度、水深、断面平均掺气浓度均可以提高气泡在水体中的扩散程度，有利于掺气区底缘位置向水体中发展，即

$$\frac{y_2}{d_0} \sim f\left(\frac{x}{d_0},\ V_0,\ d_0,\ C_{mean},\ \alpha\right) \tag{3-4}$$

由于流速、水深均是通过影响水流的紊动程度达到对气泡扩散的影响，所以采用代表水流紊动强度的雷诺数 $Re_0$ 作为表征自掺气区域底缘发展的特征参量。因此，自掺气区底

缘位置沿程变化与水力条件之间的关系可以表示为

$$\frac{y_2}{d_0} \sim f\left(\frac{x}{d_0},\ Re_0,\ C_{\text{mean}},\ \alpha\right) \tag{3-5}$$

随着明渠自掺气沿程掺气的发展，掺气区底缘位置不断向水体内部发展，气泡不断向水体内部扩散。随着水流初始紊动强度的增大，水体中气泡在紊动作用下克服浮力作用的能力增强，有利于增加掺气在水体中的扩散范围。

在自掺气水流掺气发展区断面上，掺气未发展至渠道底部，水流断面自上而下分为三个区域，即水点跃移区、气泡悬移区和清水区。水点跃移区是由于自由面附近水体在紊动作用下，横向脉动速度所具有的动能足以克服水流表面张力和重力的作用，脱离水面以水点或水团的形式跃入空中；气泡悬移区为进入水体的气泡正在紊动作用下克服浮力上浮作用，而悬浮在水体中随水流一同运动，自掺气水流掺气浓度的形成受水流紊动程度的影响最直接，各点的平均掺气浓度主要取决于水体紊动掺混作用，气泡和水点的分布与含沙水流悬移现象相似。

根据 3.1.1 节和 3.1.2 节的分析可知，掺气区域随流速和水深的增加而扩大，而前人[55]对自掺气的研究发现，当明渠渠道坡度较缓时(坡度小于 30°)，水点跃移区域减小，气泡悬移区域相对扩大，随着流量的增大，这种趋势更加明显，这与本书的研究结果是一致的。因此在这种条件下，掺气浓度与水体紊动强度的关系更为直接和密切，说明水流雷诺数与断面平均掺气浓度有直接关系，即

$$C_{\text{mean}} \sim f(Re_0,\ \alpha) \tag{3-6}$$

因此，可以将式(3-5)和式(3-6)合并反映掺气区底缘位置沿程变化和水流紊动条件之间的关系，即

$$\frac{y_2}{d_0} \sim f\left(\frac{x}{d_0},\ Re_0,\ \alpha\right) \tag{3-7}$$

根据本试验测量结果，建立明渠水流自掺气发展区底缘位置沿程变化与初始紊动条件之间的关系：

$$\frac{y_2}{d_0} = 1 - m \cdot \left(\frac{x}{d_0}\right)^{\frac{1}{2}} \cdot Re_0^{\frac{1}{10}} \tag{3-8}$$

其中，$m$ 为经验系数，在本试验范围内，近似满足与水流初始雷诺数之间的关系：

$$m = \xi \cdot \exp\left[0.21 \cdot \frac{Re_0^{\frac{1}{5}}}{(\cos\alpha)^{\frac{1}{2}}}\right] \tag{3-9}$$

其中，$\xi$ 为经验系数，通过前人自掺气水流掺气发展区浓度分布变化的试验结果，不同试验条件下的 $\xi$ 值略有不同，$\xi$=0.0008～0.0012。图 3-13 展示了公式计算值与试验测量值的对比结果，可以反映出自掺气区域底缘位置发展变化规律，与测量结果吻合良好，在试验范围内可以预测自掺气区域发展变化过程。

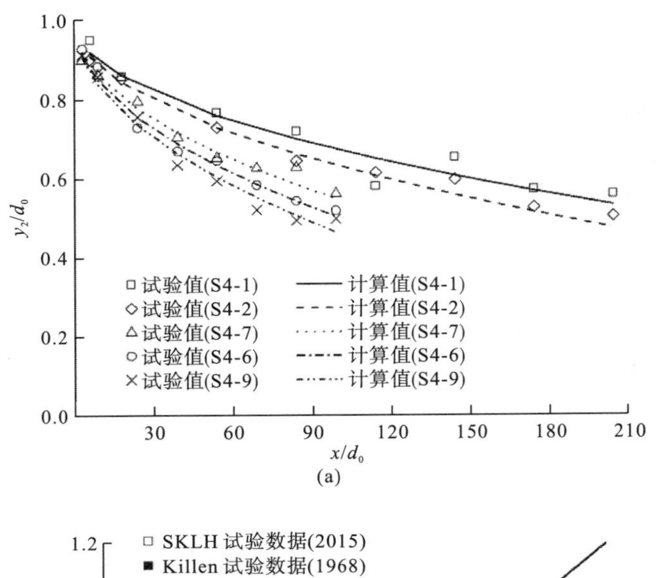

(a)

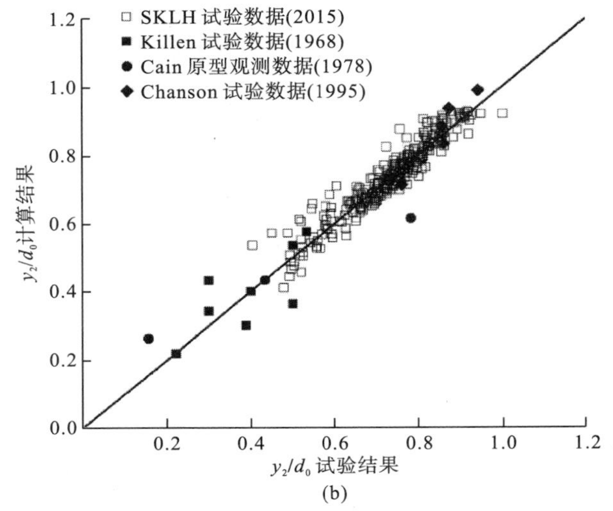

(b)

图 3-13 掺气区底缘预测对比图

## 3.2 掺气区域水气结构发展特征

### 3.2.1 气泡频率分布规律

本书采用气泡频率 $F$ 表示某一测点位置的气泡数量，其定义为

$$F = \frac{N}{t} \tag{3-10}$$

其中，$N$ 为采样时间 $t$ 内所检测到的气泡个数。需要说明的是，自掺气水流中空气的存在形式比较复杂，包括由于水面变形凹陷在自由面之间的“捕获空气”、散粒体气泡、存于水体中形态复杂的气团等，本节认为试验中针式探头所感应到的两个连续气相信号之间为

一个“气泡”。

试验中典型气泡频率断面分布及沿程变化情况如图 3-14 所示，可以看出，气泡频率断面分布从自水流自由面至掺气区底部位置呈现先增大后减小的变化趋势，在掺气区中部存在气泡频率峰值 $F_{max}$，随着自掺气沿程的发展，峰值位置不断向水体内部发展，其数值呈现沿程增大的趋势，说明随着掺气程度沿程的不断增加，气泡数量不断增多，水气相互作用明显增强。根据本试验测量结果，在坡度为9.5°～28°，水流初始雷诺数 $Re_0$=1.1×10$^5$～3.8×10$^5$，$x/d_0$=0～204 范围内，气泡峰值频率约为 10$^2$ 数量级。其中，最小气泡峰值在工况 S2-1($\alpha$=13.5°，$Re_0$=1.1×10$^5$)中 $F_{max}$=108.7Hz，最大气泡峰值在工况 S4-6($\alpha$=28°，$Re_0$=3.4×10$^5$)中 $F_{max}$=608.2Hz。

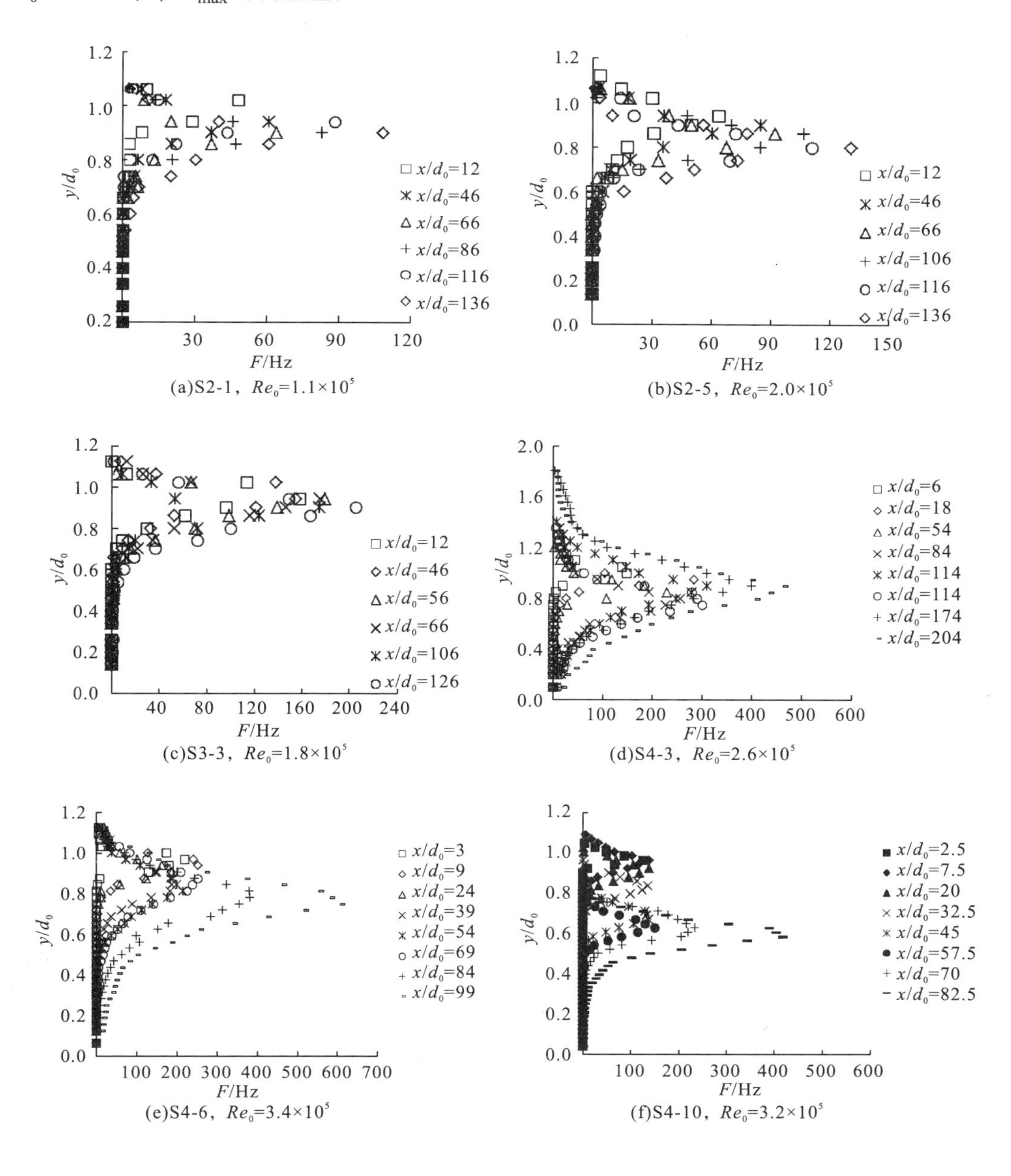

(a)S2-1，$Re_0$=1.1×10$^5$　(b)S2-5，$Re_0$=2.0×10$^5$

(c)S3-3，$Re_0$=1.8×10$^5$　(d)S4-3，$Re_0$=2.6×10$^5$

(e)S4-6，$Re_0$=3.4×10$^5$　(f)S4-10，$Re_0$=3.2×10$^5$

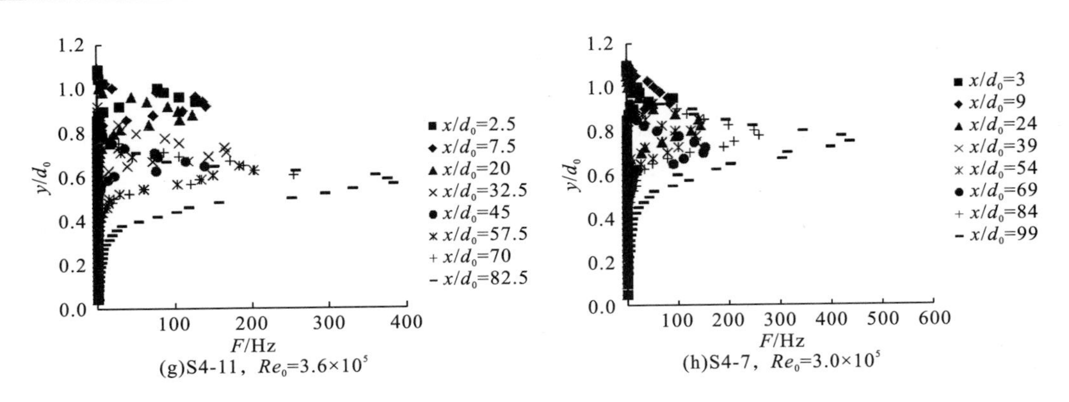


图 3-14 气泡频率断面分布

自掺气水流断面上单宽掺气区域 $H_C$ 定义为

$$H_C = y_{90} - y_2 \tag{3-11}$$

掺气区域中掺气浓度为 0.90 和 0.02 的位置分别为掺气区顶缘与底缘，水流断面某一位置在掺气区中的相对位置为

$$y_C = y - y_2 \tag{3-12}$$

采用 $H_C$ 对 $y_C$ 进行无量纲化，

$$\frac{y_C}{H_C} = \frac{y - y_2}{y_{90} - y_2} \tag{3-13}$$

其中，$y_C/H_C$ 表示掺气水流断面位置与掺气区的相对位置关系，当 $0 \leqslant y_C/H_C \leqslant 1$ 时，表示掺气区；当 $y_C/H_C < 0$ 时，表示清水区；当 $y_C/H_C > 1$ 时，表示空气区(图 3-15)。

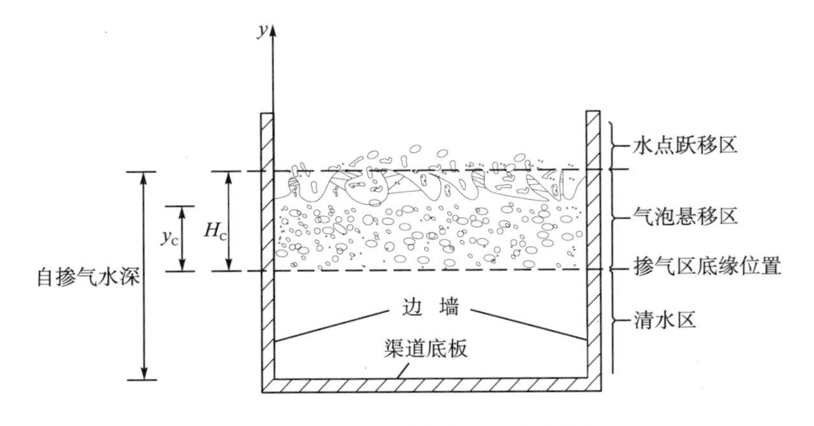


图 3-15 自掺气水流断面掺气区域分布图

图 3-16 展示了不同工况下气泡频率在掺气区中的分布规律。从图中可以看出，同一工况下，水流沿程不同断面的气泡频率分布具有自相似特征。在掺气区边界位置($0 \leqslant y_C/H_C \leqslant 0.1$，$0.9 \leqslant y_C/H_C \leqslant 1$)，气泡频率相对较小，而气泡频率峰值位置基本位于掺气区中部，即 $0.4 \leqslant y_C/H_C \leqslant 0.6$，这主要是由掺气断面上不同的水气结构所造成的。在掺气区顶缘位置，虽然掺气浓度较高，但水气结构形式主要为自由面凹陷变形以及少量的跃移水点，而这两

种形式所对应的水气交换率很小，因此气泡频率相应较小。在掺气区中部，水气结构相对比较复杂，包括卷吸进入水气中的大量散粒体气泡、水面变形以及形态结构复杂的水体混合体；相对于掺气区顶缘附近，虽然掺气区中部的掺气浓度减小，但是形式丰富多样的水气结构形式对于水气交换率有明显提高，对应的气泡频率有明显增大，同时在紊动作用下，会伴随气泡的频繁分裂、融合，以及不同水气结构形式的相互转化，这些过程同样会大大增加气相频率。在掺气区底部，水气结构形式主要为散粒体气泡，由于处于更接近渠道底部的位置，在水流紊动作用下扩散至该位置的气泡数量较少，并且会受到紊动随机性和不确定性的影响，因此掺气浓度很低，相应的气泡频率相对很小。由此可以认为，气泡频率在掺气区的分布变化代表了掺气区水气结构沿断面的变化情况。

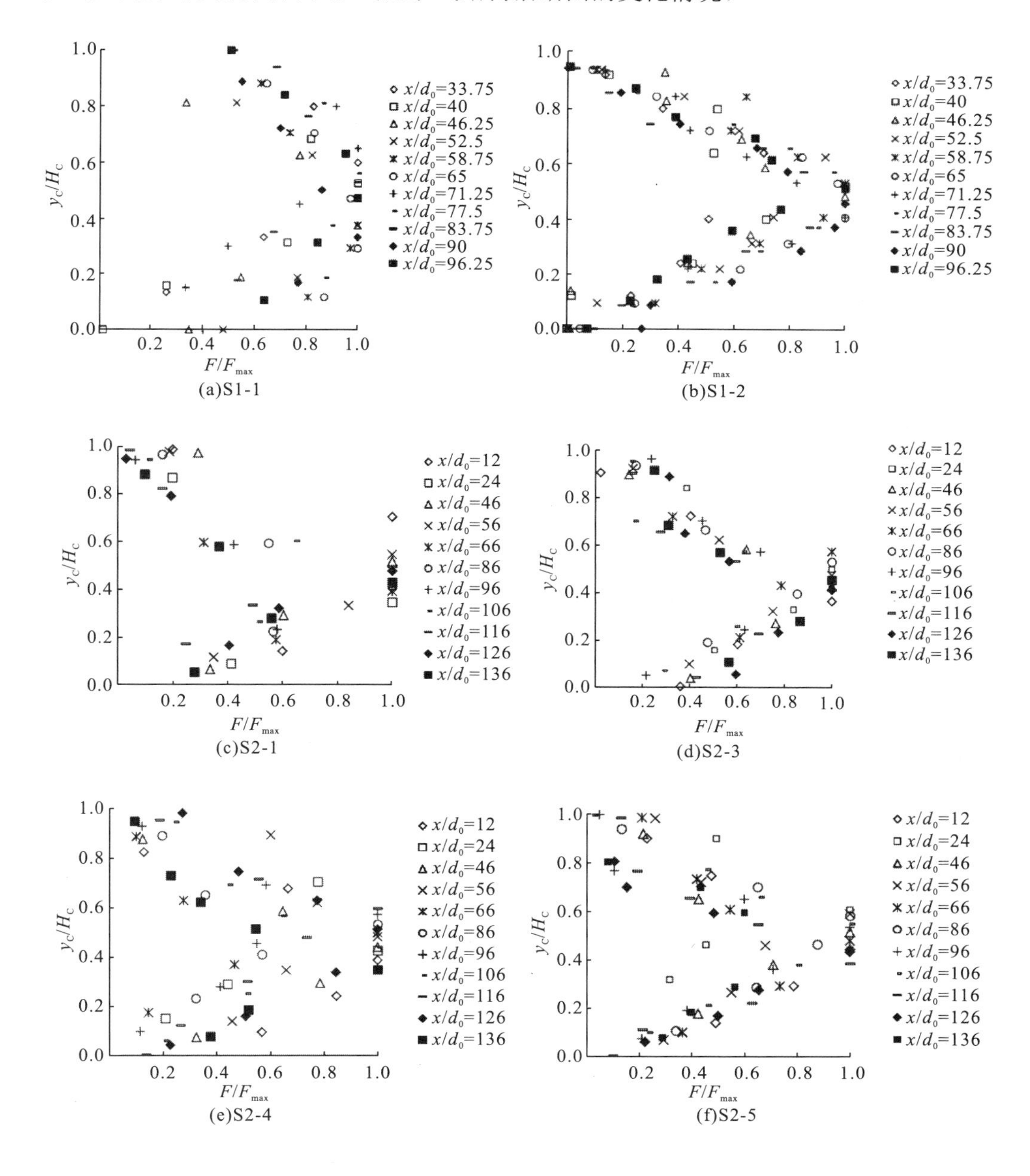


(a)S1-1　(b)S1-2

(c)S2-1　(d)S2-3

(e)S2-4　(f)S2-5

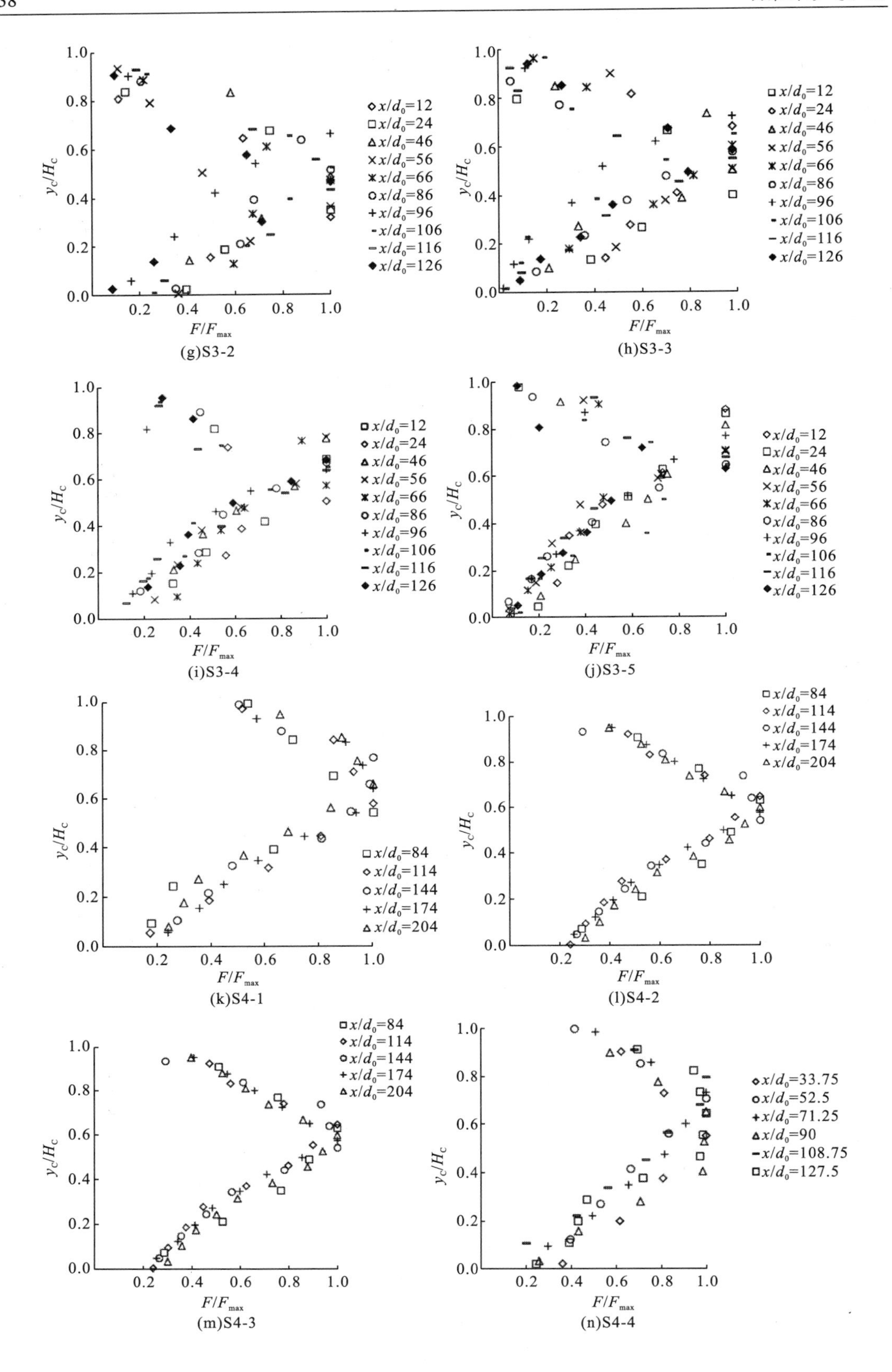


(g)S3-2 (h)S3-3

(i)S3-4 (j)S3-5

(k)S4-1 (l)S4-2

(m)S4-3 (n)S4-4

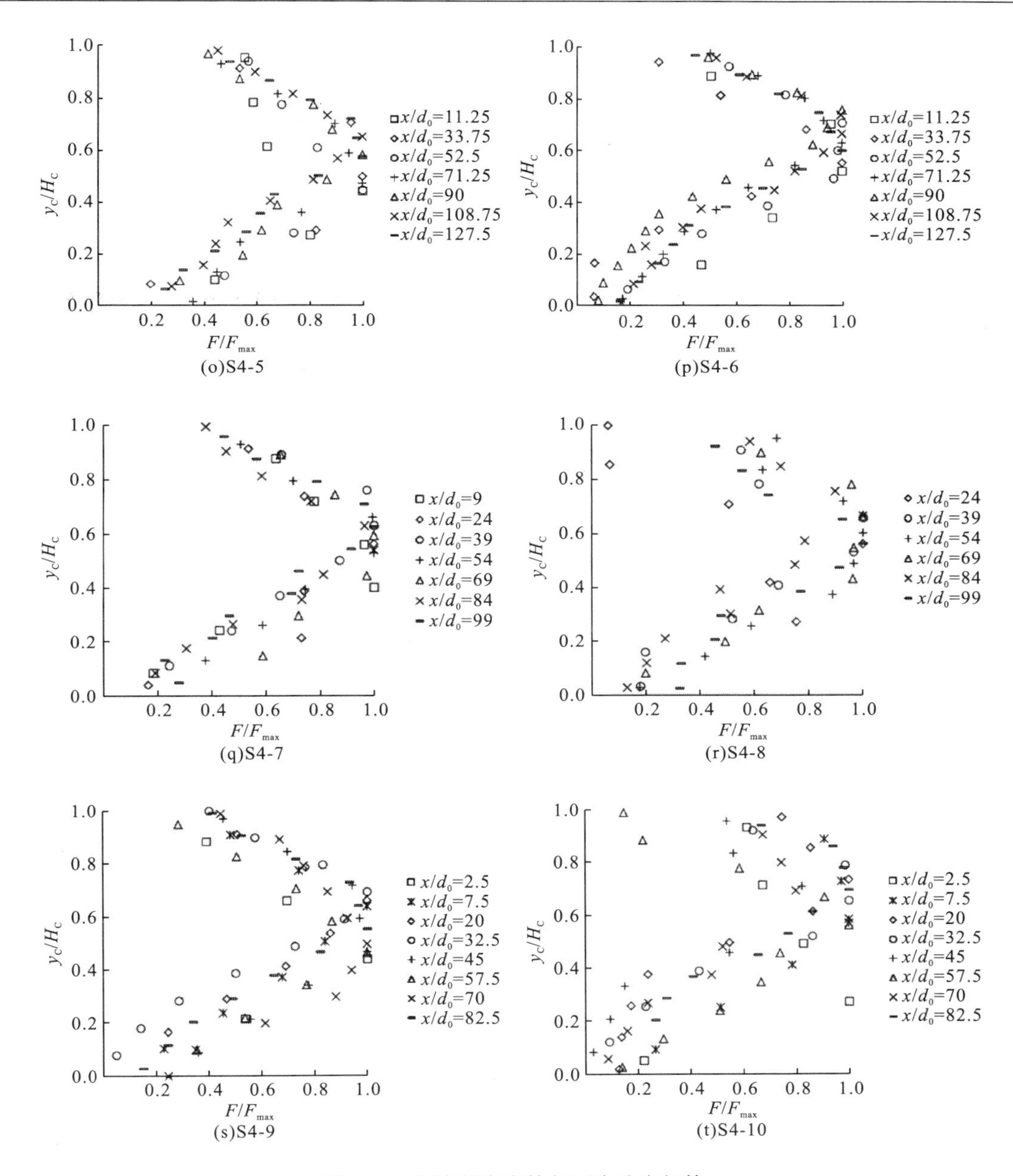


图 3-16　气泡频率在掺气区中分布规律

取各工况沿程断面掺气区中气泡频率峰值位置$(y_C/H_C)_{Fmax}$的平均值，对于相同坡度条件，$(y_C/H_C)_{Fmax}$数值随雷诺数的变化相对较小，说明随着紊动程度的增大，虽然自掺气水流掺气区不断向水体内部发展，但是掺气区中水气结构分布没有明显的改变；对于不同坡度条件，当坡度为 9.5° 和 13.5° 时，$(y_C/H_C)_{Fmax}$数值变化范围为 0.402～0.520，气泡频率峰值位置位于掺气区的中部偏下位置，当坡度为 17.5° 和 28° 时，$(y_C/H_C)_{Fmax}$数值变化范围为 0.475～0.675，气泡频率峰值位置位于掺气区的中部偏上位置；随着坡度的增大，$(y_C/H_C)_{Fmax}$数值有所增加，四组坡度条件(9.5°、13.5°、17.5°、28°)下$(y_C/H_C)_{Fmax}$的平均值依次为 0.482、0.466、0.562、0.592，说明随着渠道坡度的增加，水气结构在掺气区中的分布发生了改变(图 3-17)。

不同的水气结构形式在气泡频率上的反映有所区别，对于散粒体气泡和跃移水点，其对应的气泡频率(水相和气相交换率)相对较大；水流自由面变形或者水气混合体，相对于气泡和水点，其尺度较大，在相同水流速度和掺气浓度条件下，对应的水相和气相交换率较小。对于越靠近底板的位置，掺气浓度越低，掺气形式主要以散粒体气泡为主，水气结构没有明显变化，随着坡度的增大，气泡频率峰值位置逐渐向自由面位置移动，因此说明是自由面附近的掺气形式发生了变化，而跃移水点是自由面附近可以提高气泡频率的主要水气结构形式。这表明渠道坡度对自掺气水气结构形式有影响，随着坡度的增大，明渠掺气形式逐渐由“自由面变形+散粒体气泡”发展为“水点+自由面变形+散粒体气泡”，在掺气区中的变化形式为水点跃移区随着坡度的增大而有所增加。

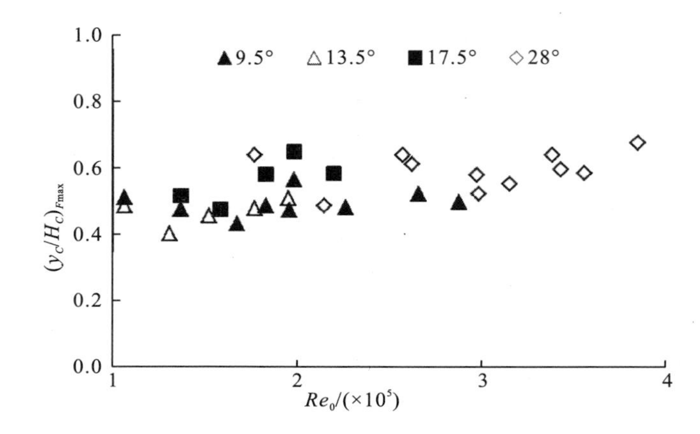


图 3-17 掺气区中气泡频率峰值位置与 $Re_0$ 之间的关系

图 3-18 展示了明渠自掺气发展区中气泡频率分布与掺气浓度之间的关系，在掺气浓度较高($C$>0.80)和较低($C$<0.10)的区域，气泡频率很小，随着掺气浓度由 0 增大至 1，气泡频率分布呈先增大后减小的变化趋势。

在同一工况下，随着自掺气沿程的不断发展，气泡频率峰值位置对应掺气浓度存在一定范围的波动，但各断面气泡频率与掺气浓度分布规律基本一致，具有一定的自相似性。通过比较不同坡度条件下气泡频率随掺气浓度分布的规律可以看出，当 $\alpha$=13.5° 时，以气泡频率峰值位置为中心的上下两部分为非对称分布，气泡频率峰值以上的区域，掺气浓度随气泡频率变化梯度较大，变化幅度较大，以下区域随气泡频率变化梯度较小，分布较为平缓；随着坡度的增大，这种非对称性差异逐渐减小，当 $\alpha$=28° 时，以气泡频率峰值位置为中心的上下两部分已基本接近对称分布，对比 $\alpha$=13.5° 和 $\alpha$=28° 各工况中气泡频率分布变化可以看出，随着坡度增大，分布差异变化主要为掺气浓度较高区域($C$>0.5)，在这部分中自上而下随气泡频率的增加掺气浓度变化逐渐趋于平缓，这说明坡度的变化主要影响高浓度掺气区中水气结构的变化。

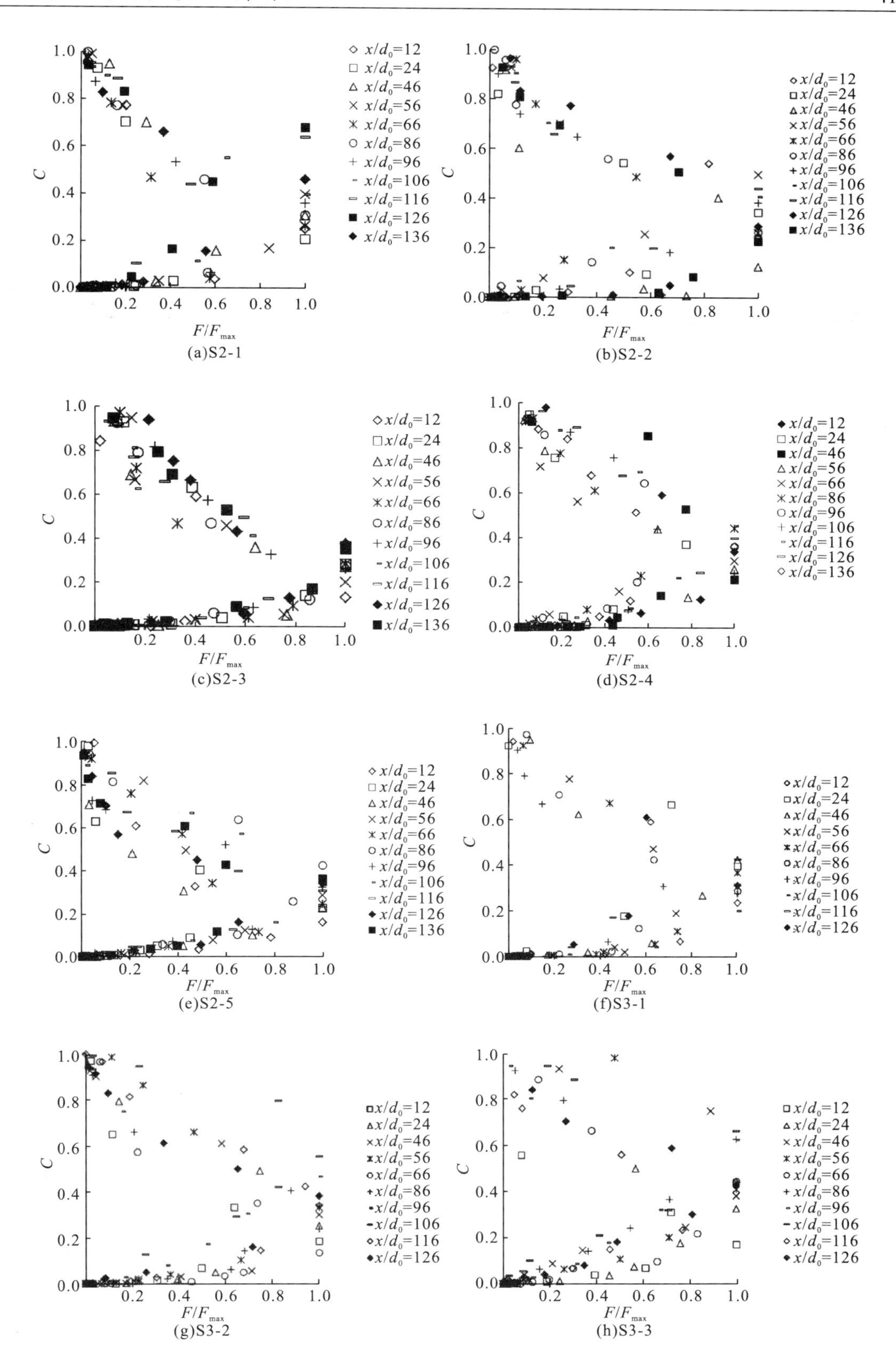
(a)S2-1
(b)S2-2
(c)S2-3
(d)S2-4
(e)S2-5
(f)S3-1
(g)S3-2
(h)S3-3

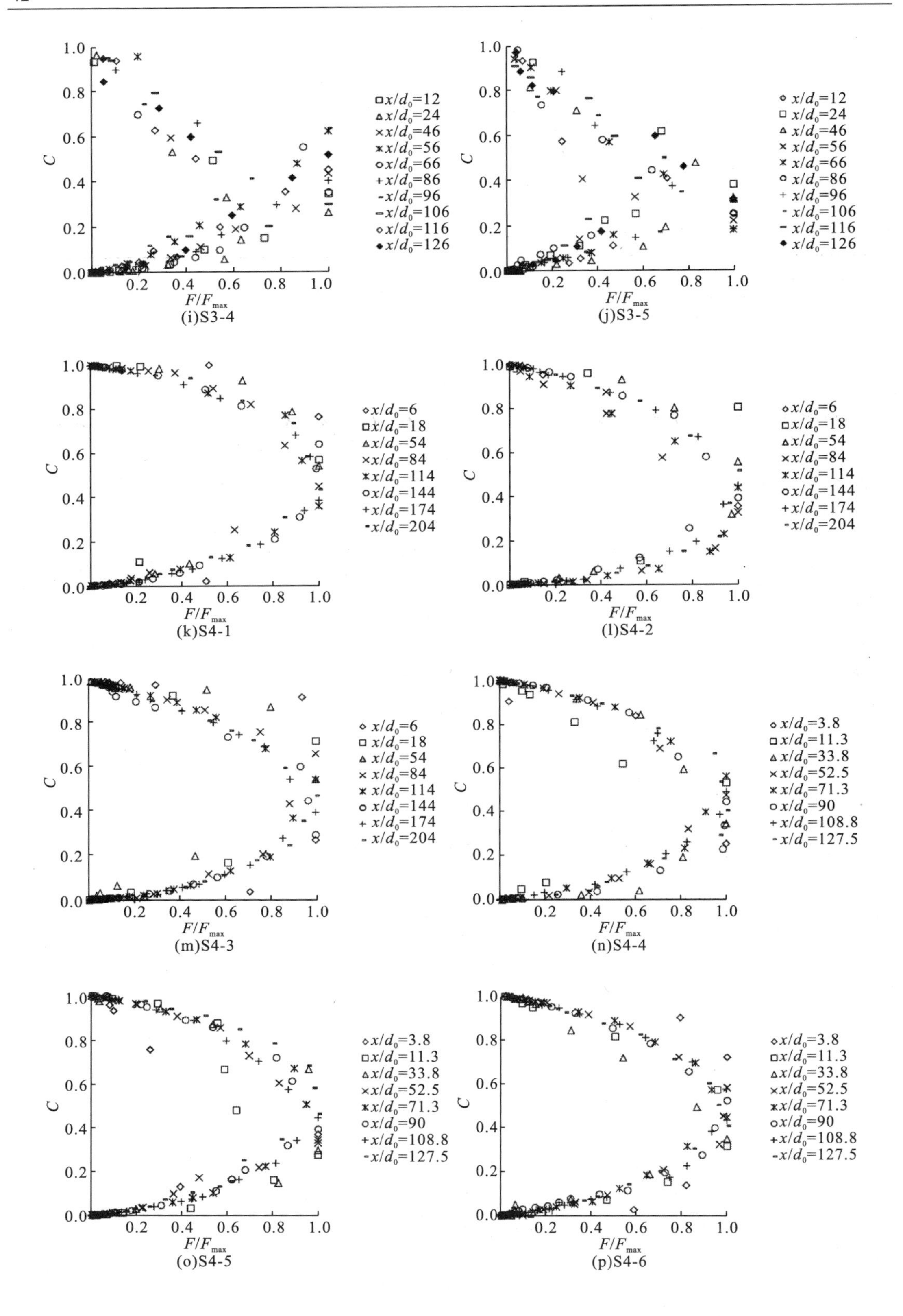


(i)S3-4 (j)S3-5

(k)S4-1 (l)S4-2

(m)S4-3 (n)S4-4

(o)S4-5 (p)S4-6

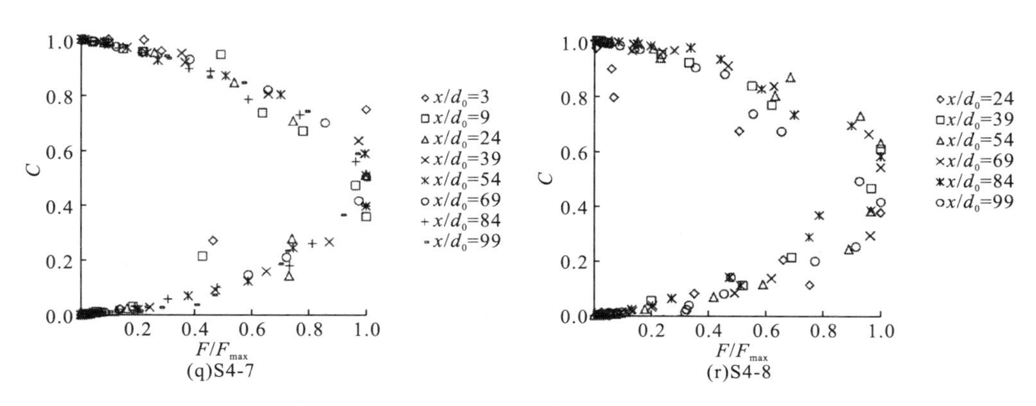


图 3-18　断面气泡频率与掺气浓度之间的关系

对比不同工况下气泡频率峰值位置对应的掺气浓度 $C_{F\max}$，在 $\alpha$=9.5° 和 $\alpha$=13.5° 工况中，自掺气前段($x/d_0$<90)，气泡频率峰值位置掺气浓度基本小于 0.5，即 $C_{F\max}$<0.5，随着自掺气沿程的发展，频率峰值位置掺气浓度整体增大，但基本仍在 $C_{F\max}$<0.5 区域，说明气泡频率峰值位置基本处于相对低掺气浓度区域；随着坡度的逐渐增大，当 $\alpha$=17.5° 时，$C_{F\max}$ 值分布相对增大，在自掺气前段($x/d_0$<90)，$C_{F\max}$ 值离散程度相对有所增大；当 $\alpha$=28° 时，$C_{F\max}$ 值离散程度进一步增大，在自掺气前段($x/d_0$<90)，大量频率峰值位置掺气浓度出现在 $C_{F\max}$>0.5 区域，其掺气浓度变化范围为 0.1～0.7(图 3-19)。

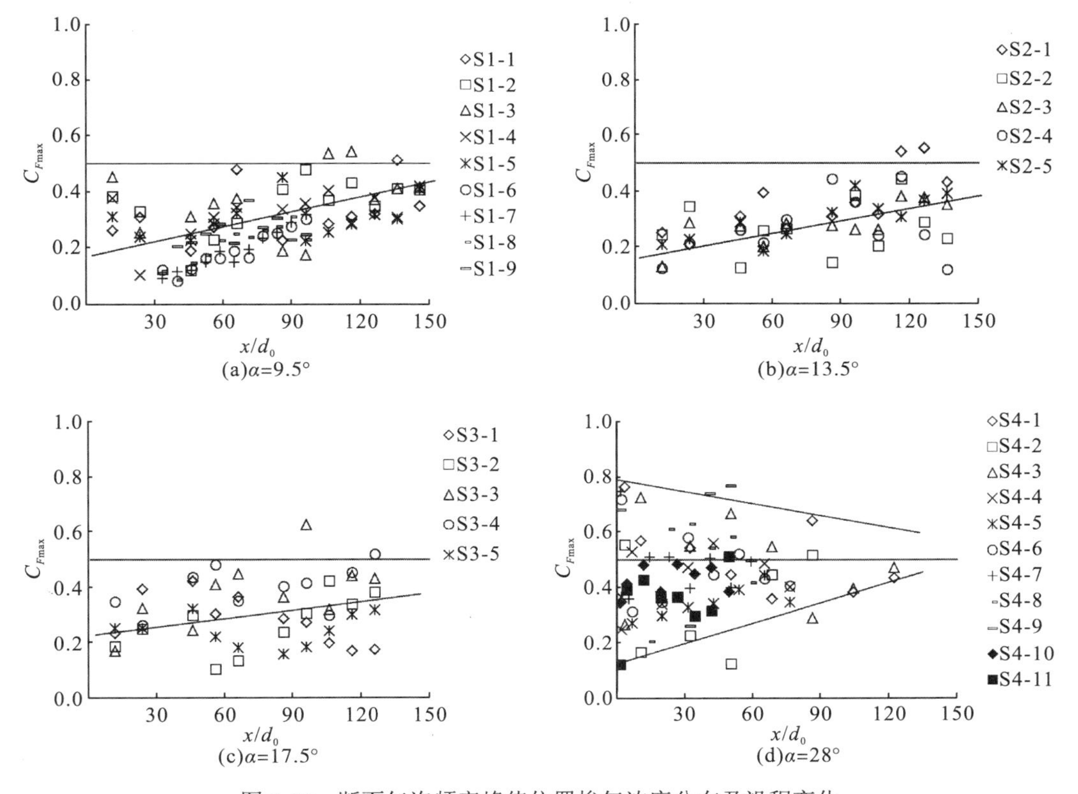


图 3-19　断面气泡频率峰值位置掺气浓度分布及沿程变化

根据上述分析可知，气泡频率的差异其实质为水气结构的差异，即水点—自由面变形—散粒体气泡三者之间的相对关系发生了改变。而不同坡度条件下气泡频率峰值位置对应掺气浓度的变化也是由于水气结构的改变导致的，当坡度较小时，高掺气浓度区的主要水气结构形式以自由面变形为主，同时有少量跃移水点和气泡，这种条件下虽然掺气浓度较大，但是反映在气泡频率(气相频率)上则较小；而低浓度区的主要水气结构形式为大量散粒体气泡，虽然掺气浓度较低，但是气泡频率较大。因此，对于坡度较小情况下气泡频率峰值位置处于低掺气浓度区。随着坡度的增大，高浓度区中水气结构发生了变化，虽然掺气浓度主要还是水面变形的捕获空气，但是跃移水点不断增多，虽然对于掺气浓度的改变影响不大，但是对于气泡(气相)频率则有明显的提高，加之水点在回落过程中会伴随卷吸气泡发生，因此又会通过提高高浓度区的气泡数量而增大气泡频率，在整个过程中水点与紊动的随机性有一定关联，因此反映在气泡峰值频率对应掺气浓度上为 $C_{F\max}$ 变化范围较大，这也解释了图 3-19(d) 中在自掺气发展前段($x/d_0<90$) $C_{F\max}$ 震荡剧烈。

但是为什么随着坡度的增大，水气结构会发生如此明显的改变呢？水流自由面水体紊动可以看作涡体运动，取水面附近的一个涡体来分析，在一定渠道坡度 $\alpha$ 条件下，水面附近的涡体完全跃出水面的条件是涡体对自由面法线方向的瞬时脉动压力 $p'$ 能够克服表面张力和重力的作用，以相应的瞬时速度 $v'$ 脱离自由面，形成跃移水点，不同坡度条件下水面的表面张力作用可以看作一致。而重力的方向始终为竖直向下，因此重力对于涡体跃移出水面的约束作用力为 $G\cos\alpha$[图 3-20(a)]，随着坡度的增大，$G\cos\alpha$ 逐渐减小，说明重力对于涡体跃移的约束逐渐减小；当 $\alpha$=0° 时，即平坡渠道中[图 3-20(b)]，涡体重力完全约束涡体沿自由面法线方向的运动；当 $\alpha$=90° 时，即附壁垂直射流中[图 3-20(c)]，重力对涡体侧向脱离自由面的运动没有约束。因此，相同条件下坡度越大水流越容易形成水点跃移。

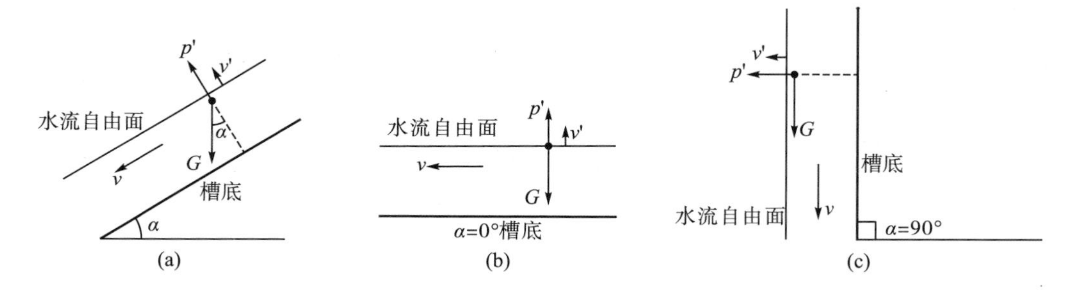


图 3-20 坡度对自由面水气结构影响示意图

对于坡度较小的条件下，$C_{F\max}$ 总的变化趋势为沿程逐渐增大，说明随着自掺气沿程的不断发展，水气相互作用不断增强，水气混合更为均匀。由于水气结构差异所造成的气泡频率峰值位置掺气浓度的差异逐渐减小，$C_{F\max}$ 相应有所增大，水气交换率也相应提高，根据掺气均匀区气泡频率与掺气浓度的关系，气泡频率峰值位置对应的掺气浓度约为 0.50。结合本试验中的结果显示，坡度较小的明渠自掺气水流气泡频率峰值位置逐渐由低

掺气浓度区向 $C$=0.5 位置不断发展；而对于坡度较大的明渠自掺气水流，随着沿程自掺气的发展，掺气浓度的震荡幅度逐渐减小，同样可以看出随着水气相互作用的不断增强，水气混合均匀性不断提高，气泡频率峰值位置逐渐向 $C$=0.5 这个水气交换最为平衡的位置不断发展。

### 3.2.2　气泡尺寸概率分布

气泡尺寸及其概率分布是反映气泡特性的另一重要参数。掺入水体中的气体存在形式十分复杂，既有球形或非球形的气泡散粒体，又有泡沫状的水体混合体以及自由面极度扭曲所导致的水面不平整情况。本试验中传感器探针可以测量到的是空气通过针尖过程中所对应的弦长，因此本书中为简化描述掺气水流中的空气，统一以气泡描述传感器探针所测量到的空气信号，用弦长代表气泡尺寸。

定义某一尺寸气泡数量分布概率为该弦长区间内的气泡个数与采样时间内所测得气泡总个数之比，采用 $Pr$ 表示：

$$Pr = \frac{n_j}{N} \tag{3-14}$$

式中，$n_j$ 表示在采样时间内第 $j$ 弦长区间 $d_j$ 内的气泡个数；$N$ 为采样时间内的气泡总量。气泡弦长区间间隔为 0.1mm，对于统计分析各区间内的气泡个数，以区间起始值代表区间内的气泡弦长尺寸 $d_{ab}$，如区间 [2.4，2.5]用 $d_{ab}$=2.4mm 代表。图 3-21 和图 3-22 分别为工况 S2-5（$\alpha$=13.5°，$Re_0$=2.0×10$^5$）和 S4-6（$\alpha$=28°，$Re_0$=3.4×10$^5$）下，气泡尺寸概率分布在断面不同水深位置及沿程变化情况，以此为例进行说明。

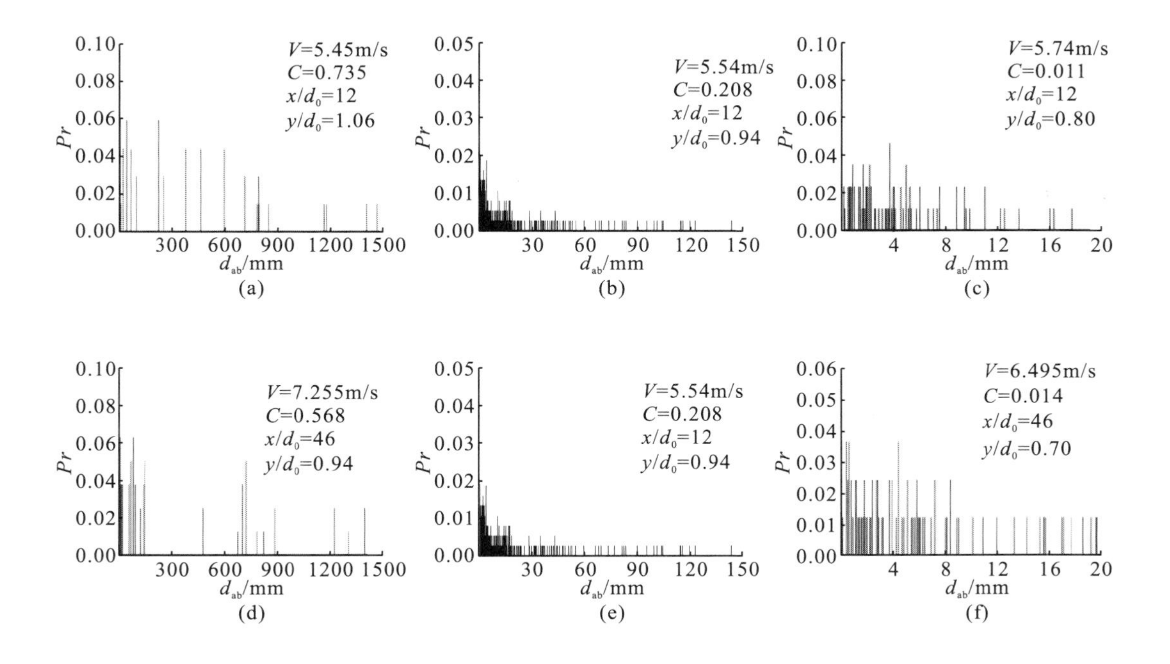

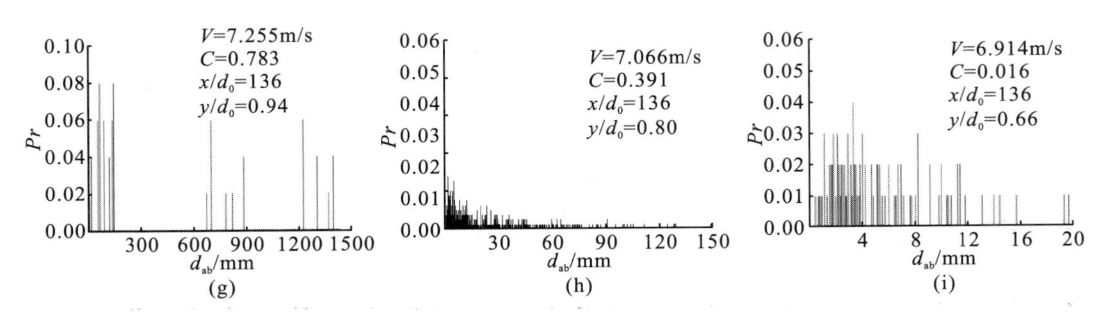


图 3-21 工况 S2-5 气泡尺寸概率分布

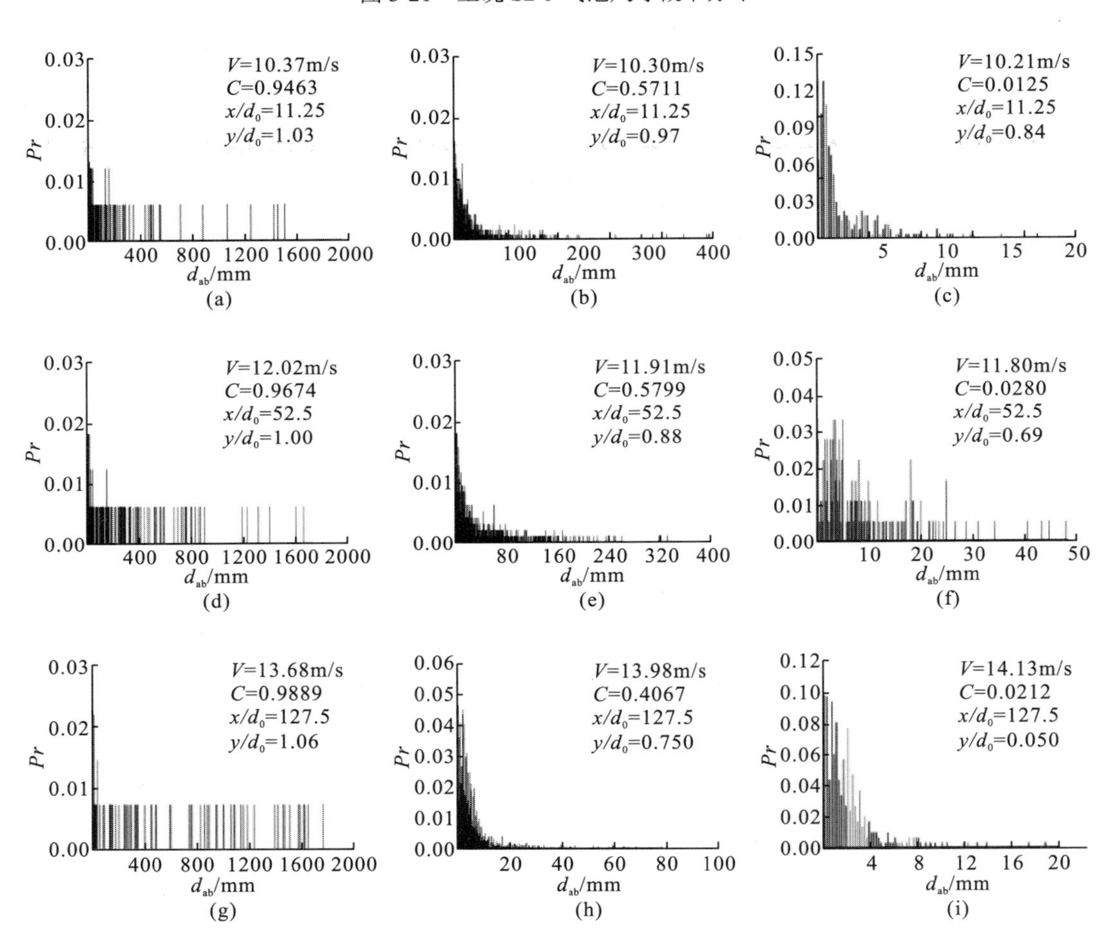


图 3-22 工况 S4-6 气泡尺寸概率分布

对于各断面高掺气浓度位置[图 3-21 和图 3-22(a)、(d)、(g)]，试验所测的气泡弦长分布范围较广，气泡弦长量级可以达到 $10^2$～$10^3$mm，在水流中是无法形成这种量级的个体气泡的，而这种尺度的“气泡”应主要为凹陷在变形自由面之间的空气(即之前所述的“捕获空气”)。这点再次印证了上一节所阐述的对于明渠自掺气发展区中，高掺气浓度区域内水面不平整而导致的水流自由面“捕获空气”是水气结构的一个主要特征。随着掺气浓度的降低[图 3-21 和图 3-22(b)、(e)、(h)]，气泡弦长分布范围有所减小，但依然存在 $10^2$mm 数量级的气泡弦长，同时气泡数量在小尺寸气泡范围内($d_{ab}$<20mm)分布比较集中，这说明掺气水体所携带的空气中同时存在自由面“捕获空气”和单个空气泡。而在自掺气区域底缘位置附近[图 3-21 和图 3-22(c)、(f)、(i)]，气泡弦长尺寸均基本分布在 0～20mm 范围内，说明在底缘位置卷吸进入水流的空气基本以单个空气泡形式存在于水体中。综合以上分析，可以认为在掺气发展区内，自水面至掺气区底缘水气结构变化趋势为“水流自由面变形为主—自由面变形与个体空气泡共存—个体空气泡”的发展过程。

对比图 3-21 和图 3-22 可以看出，随着水流流速和坡度的增加，气泡尺寸概率分布更偏重于小尺寸区间，小尺寸的气泡比例明显上升，速度的增加会增加水体的紊动程度，使气泡在水体中所受的剪切作用更强，尺寸较大气泡在水体中的存在极不稳定，更容易发生分裂；而坡度的增加则是通过改变浮力与水流切应力之间的关系影响气泡尺寸特性的。如图 3-23 所示，随着渠道坡度的增大，浮力与水流切应力夹角由 90°减小为 0°，浮力与切应力在同一方向上对气泡作用，使气泡在运动过程中受到的剪切作用增大，更易发生破碎，以相对更稳定的小尺寸状态存在于水体中。

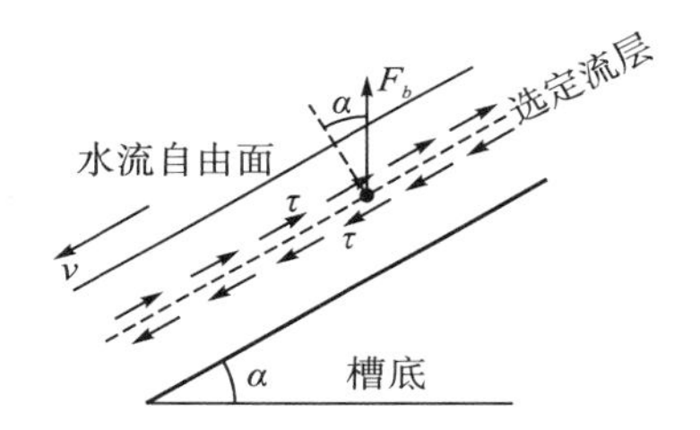


图 3-23 气泡浮力对剪切作用的影响

定义某一位置气泡尺寸所占比例 $Pr$ 的计算方法为

$$Pr = \frac{(d_{ab})_j n_j}{\sum_{j=1}^{N} (d_{ab})_j n_j} \tag{3-15}$$

式中，$n_j$ 表示在采样时间内第 $j$ 弦长区间 $d_j$ 内的气泡个数；$(d_{ab})_j$ 为第 $j$ 弦长区间内的气泡弦长。图 3-24 和图 3-25 分别为工况 S2-5($\alpha$=13.5°，$Re_0$=2.0×$10^5$)和 S4-6($\alpha$=25°，$Re_0$=3.4×$10^5$)采样时间内所测得气泡总弦长中各尺寸区间气泡弦长所占比例的分布趋势，以及对应测点气泡个数和尺寸百分比累计曲线，测点和断面位置与 3.2.1 节所述的气泡数量概率分布相一致。

从弦长比例分布可以看出，对于气泡数量比例较高的弦长区间气泡弦长占总的气泡弦长比例相对较低。虽然随着气泡尺寸的增大对应弦长区间内气泡个数逐渐减少，但气泡弦长比例呈增大的趋势。这说明在自掺气区内掺气浓度的组成中，尺寸较大气泡在水流含气量中所占比例较高。对于单个弦长尺寸为 2mm 和 100mm 的气泡，其含气量比例为 1∶50，若两个尺寸的气泡要达到相同的含气量，则二者的数量比需要高达 50∶1，相对于气泡个数因素影响，气泡尺寸对于掺气浓度的影响更为明显。从气泡数量比例累计曲线可以看出，随着气泡尺寸的增大累计曲线趋于平缓，说明小气泡相对于大气泡在数量上比例更高，而对于气泡弦长累计曲线，同一断面上随着掺气浓度的减小(从水面到掺气区域底缘位置)，曲线由在大尺寸区域内增长逐渐转变为在小尺寸区域内增长，并且曲线形式逐渐与气泡数量累计曲线相一致，这一结果再次印证了上一节中关于断面掺气区域内水气结构是由水面不平整为主逐渐发展为个体空气泡的变化过程。随着自掺气沿程的不断发展(掺气断面的沿程变化)，气泡尺寸比例相对更为均匀，气泡数量比例累计曲线和尺寸比例累计曲线的变化趋势更为一致，说明随着自掺气沿程的发展，二者的相互作用不断增加，水气混合更为均匀。

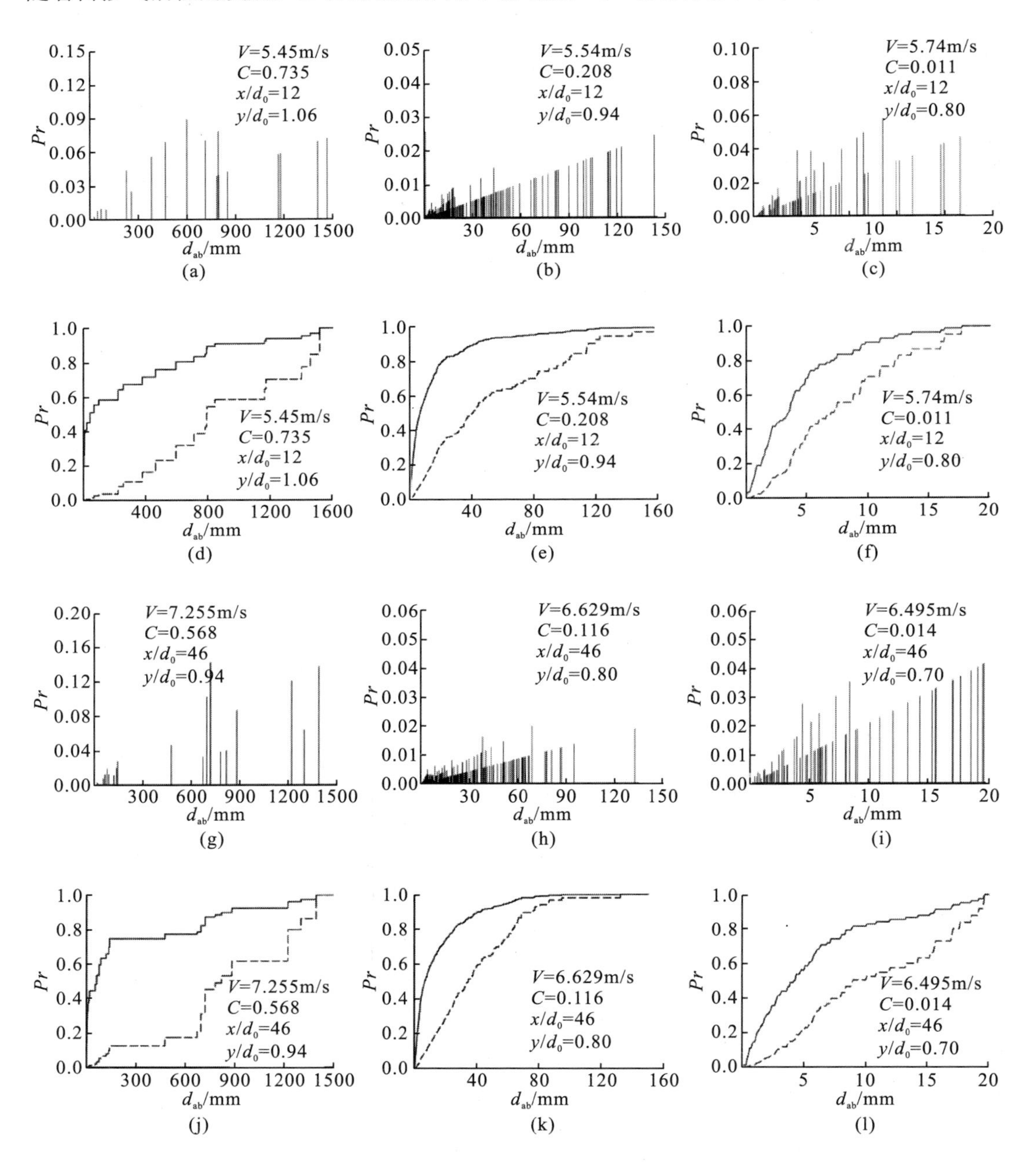

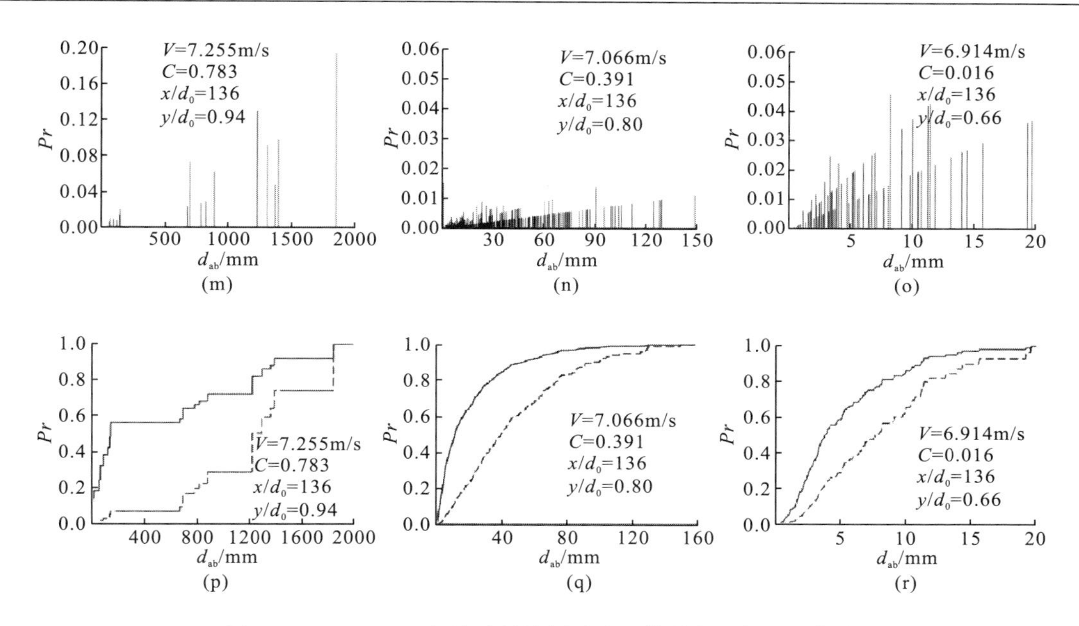


图 3-24　工况 S2-5 气泡弦长比例分布及数量与弦长累计曲线

（实线为气泡数量比例累计曲线，虚线为气泡弦长比例累计曲线）

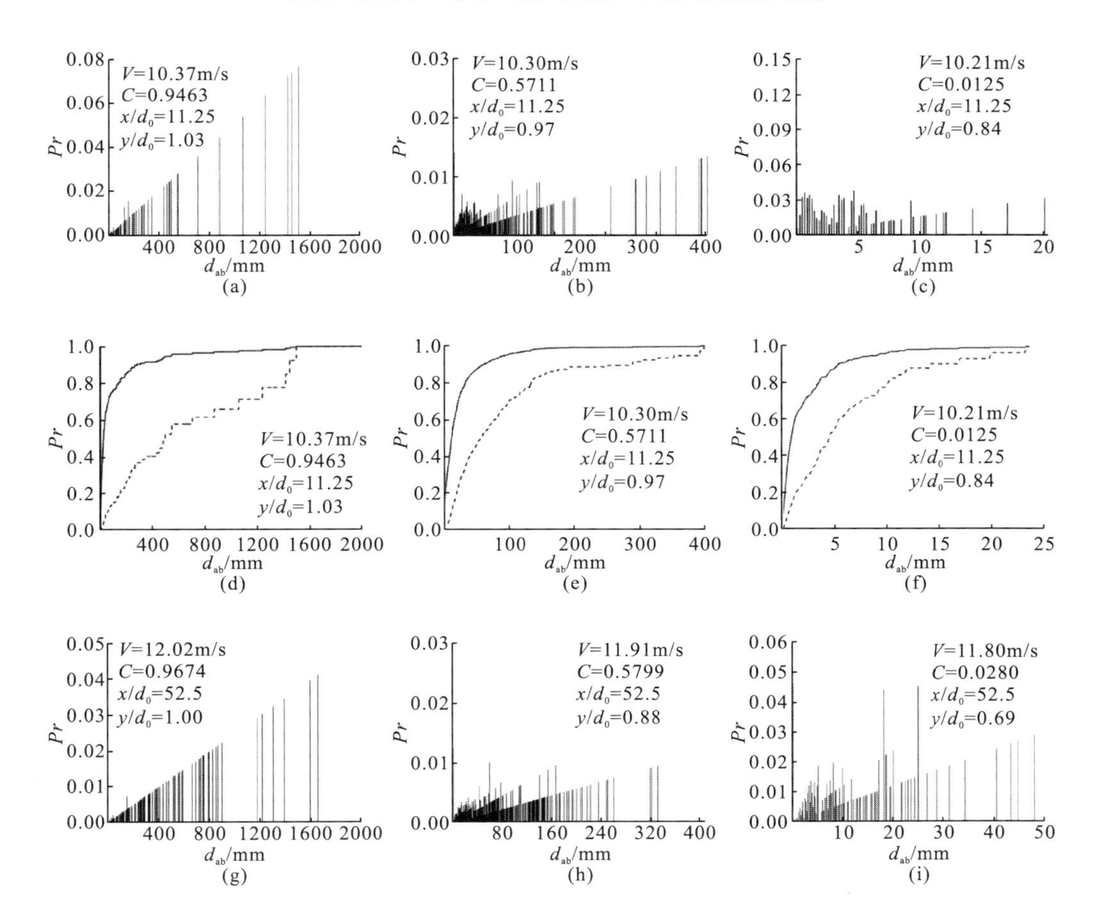

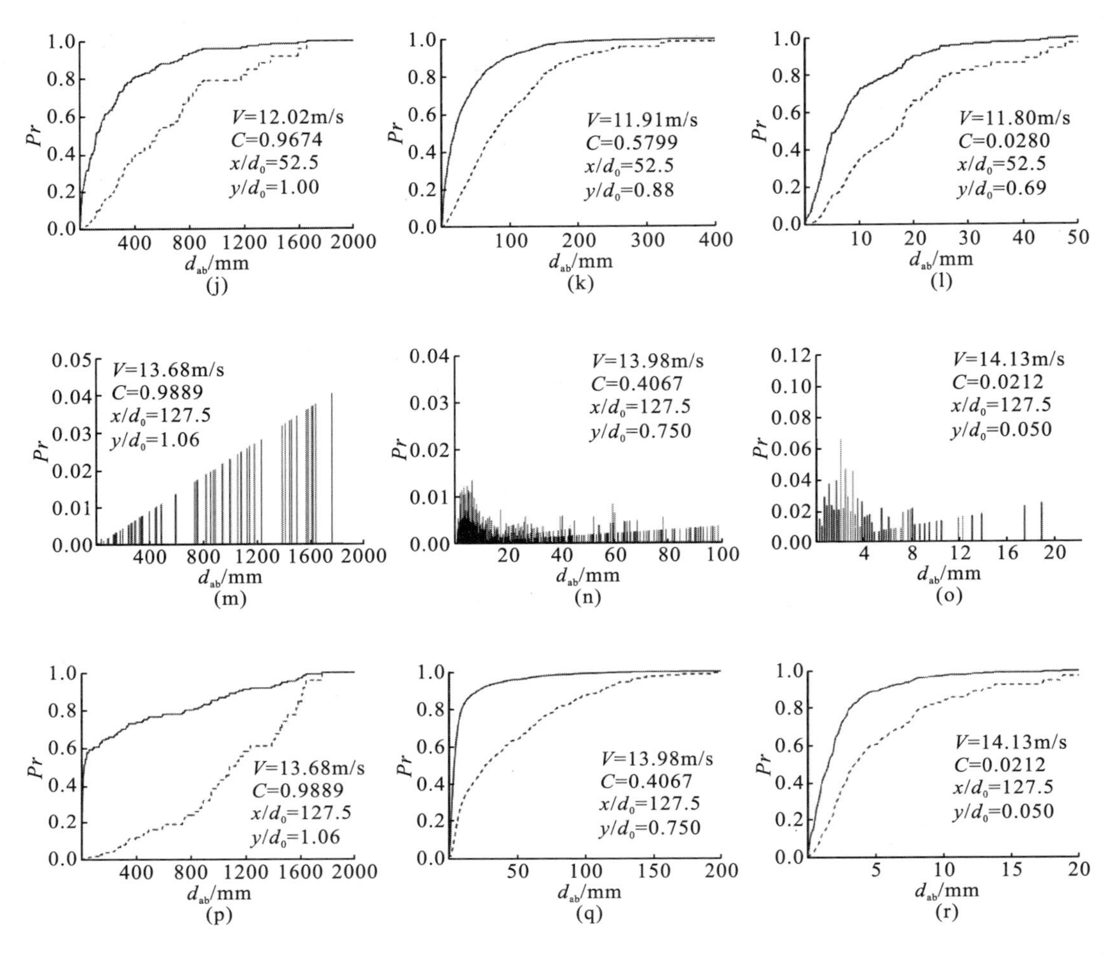


图 3-25 工况 S4-6 气泡弦长比例分布及数量与弦长累计曲线

（实线为气泡数量比例累计曲线，虚线为气泡弦长比例累计曲线）

通过对比图 3-24 和图 3-25 可以看出，随着水流流速和坡度的增加，不同气泡尺寸在掺气浓度中所占的比例逐渐更均衡，高浓度区中[图 3-24 和图 3-25(a)、(g)、(m)]，在工况 S4-6 中气泡尺寸分布相较于工况 S2-5 中更为连续，在掺气区中浓度相对低的位置[图 3-24 和图 3-25(b)、(h)、(n)]，小尺寸气泡在掺气浓度中所占的比例更大，甚至有超过大尺寸气泡所占比例的趋势。在这种情况下，气泡数量比例累计曲线和气泡弦长比例累计曲线的增长趋势更为一致，结合气泡数量级配分布可以看出，一方面是由于随着水流和坡度的增大小气泡数量增加，另一方面是由于大尺寸气泡在水体中的存在更为困难。以上均说明流速和坡度的增大，使水气相互作用更为充分，二者混合程度更为均匀。

对于明渠自掺气形成机理，目前比较普遍的认识是由于渠道底板所形成的紊动边界层发展至水面，水面附近涡体在紊动作用下克服水流表面张力和自身重力的约束，以水点的形式跃出水面，当其重新落入水流中时携带空气以气泡的形式随水流一同运动，形成自掺气水流。根据明渠水流自掺气发展区的水气结构可以看出，在接近水面的位置，所谓的掺气区主要是由扭曲变形的自由面引起的，随着向水体内部的发展，掺入的空气以个体气泡的形式存在于水流中，这说明水面变形的过程也是明渠水流自掺气形成的一个重要过程，对于自掺气的发生和发展有着重要意义，起着空气以气泡形式进入水体的桥梁作用，而传统的自掺气机理并没有反映出自掺气水流的这一特性。

# 第4章 明渠自掺气水流掺气浓度分布

随着自掺气的沿程发展，根据自掺气水流断面掺气程度的不同，气泡在断面上的扩散范围有所不同，当自掺气水流断面存在清水区时，认为气泡在无限域中进行扩散；当自掺气水流断面无清水区存在，气泡扩散至明渠底部时，形成全断面掺气，在这种情况下，固壁底面边界并不吸收气泡，认为气泡在有限域中进行扩散。气泡在无限域与有限域中的分布扩散有所不同，因此，对于掺气浓度断面分布的计算也分为两种分布情况进行分析。

本章在前人研究的基础上，对自掺气发展区的掺气浓度分布规律进行研究，分别从断面水气结构差异以及全断面掺气条件下固壁边界对气泡扩散的影响两方面进行研究，结合紊动扩散理论和水气结构特性，完善自掺气水流掺气浓度断面分布的计算方法。

## 4.1 掺气浓度沿程发展特征

明渠水流自掺气发生后，水流沿程掺气程度不断增强，表现为水流掺气浓度沿程不断增大，气泡在水流紊动作用下不断向水流内部扩散，掺气区域逐渐向渠道底部扩展，水流断面平均掺气浓度采用以 $y_{90}$ 位置求积分。图 4-1 展示了本试验中水流断面平均掺气浓度沿程分布变化情况，可以看出，水流断面平均掺气浓度沿程不断增大，表明随着自掺气的沿程发展，水流卷吸空气不断增多，掺气程度不断增大。

对于自掺气发展区的发展特征，可以从宏观与微观两个层面的掺气特征展现出来。

宏观层面上，随着自掺气不断发展，气泡在水体中的扩散区域逐渐扩展，掺气区域底缘位置不断向渠道底部靠近，同时，水流断面平均掺气浓度逐渐增大，相对于非掺气水流，进入水体中的空气使水流体积膨胀，水深明显增加(图 4-2)。

微观层面上，随着自由面变形及破碎程度的增强，卷吸进入水体中的气泡个数逐渐增多，同时，水气之间相互作用增强，进入水体中的气泡尺寸逐渐减小。而对于不同掺气程度的断面水气结构，随着自掺气的沿程发展，掺气程度增大，水气紊动掺混作用增强，悬移区的气泡逐渐占据主要地位，水点跃移在整体水气结构中的占比逐渐降低。从掺气浓度沿水深方向的分布形式可以看出，掺气浓度变化梯度自下而上先逐渐增大，达到某一峰值位置后逐渐减小，结合自掺气区断面分层结构可以认为，浓度梯度的峰值位置即为水气结构交界分层位置(图 4-3)；同时可以看出，随着断面掺气程度增大到一定程度时(如平均掺气浓度大于 50%)，掺气浓度梯度变化峰值位置逐渐消失，说明整体断面的水气结构形式趋于一致，因此对于高掺气区域，整体断面均接近于均匀气泡流的水气二相流形式。

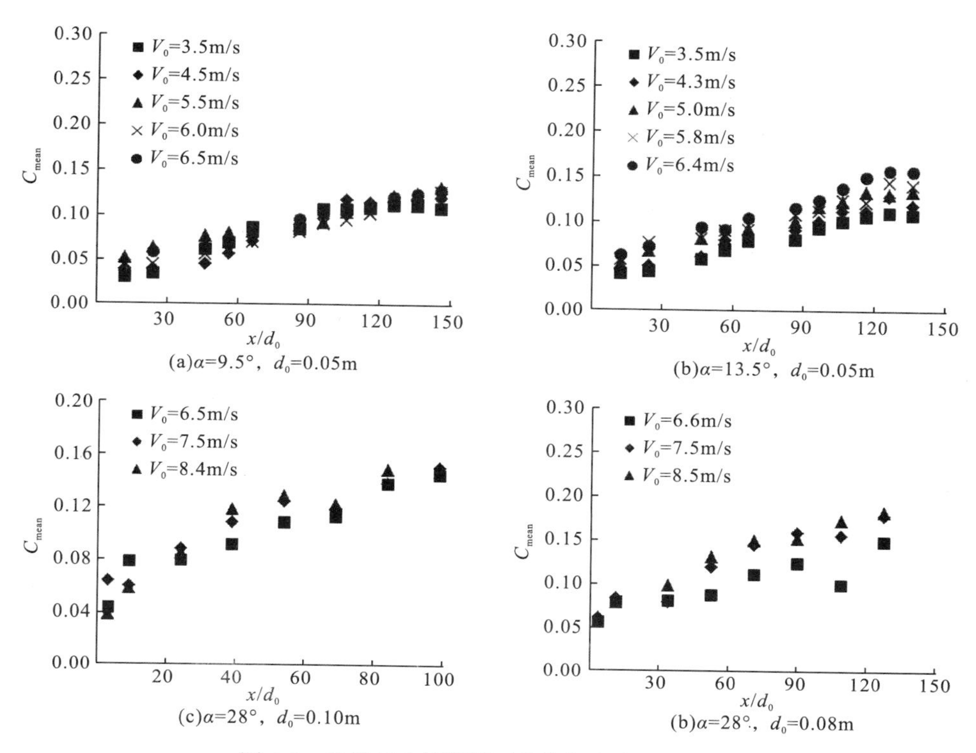


图 4-1　自掺气水流断面平均掺气浓度沿程变化

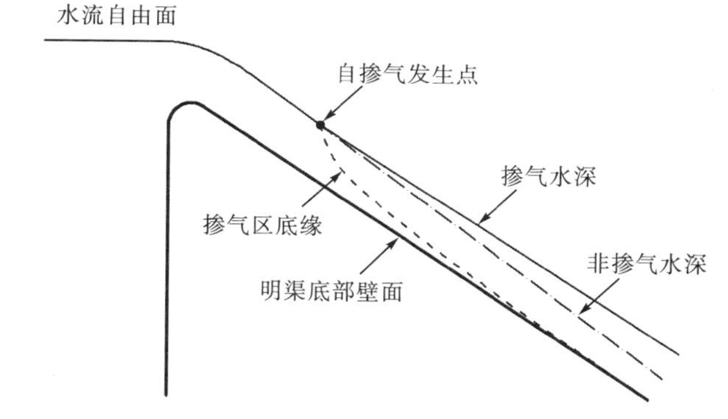


图 4-2　自掺气水流沿程扩散概化图

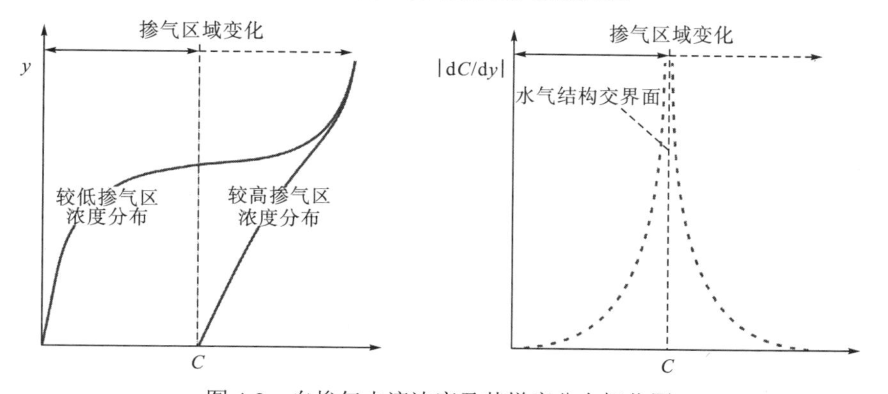


图 4-3　自掺气水流浓度及其梯度分布概化图

需要指出的是，明渠水流自掺气的发展过程受宏观与微观两个层面的水力条件影响。宏观层面包括流速、水深、渠道坡度等水力因素；微观层面则包括水流紊动强度、表面张力、黏性、密度、气泡尺寸、气泡上浮动力学特性及其分裂、合并等复杂微观过程。由于自掺气发展过程的复杂性，到目前为止，理论研究的进展非常缓慢，很难取得突破性进展，仍然需要通过系统的针对性物理模型试验深入研究其发展变化规律。

## 4.2 掺气浓度断面分布特征

自掺气水流掺气浓度断面分布形式基本一致，在水流自由面和掺气区底部位置附近，掺气浓度变化梯度相对较小，而在掺气区中部，浓度变化梯度相对较大。从沿程变化情况来看，自掺气从掺气区底部位置不断向水体内部发展，沿程掺气不断增加(图 4-4)。

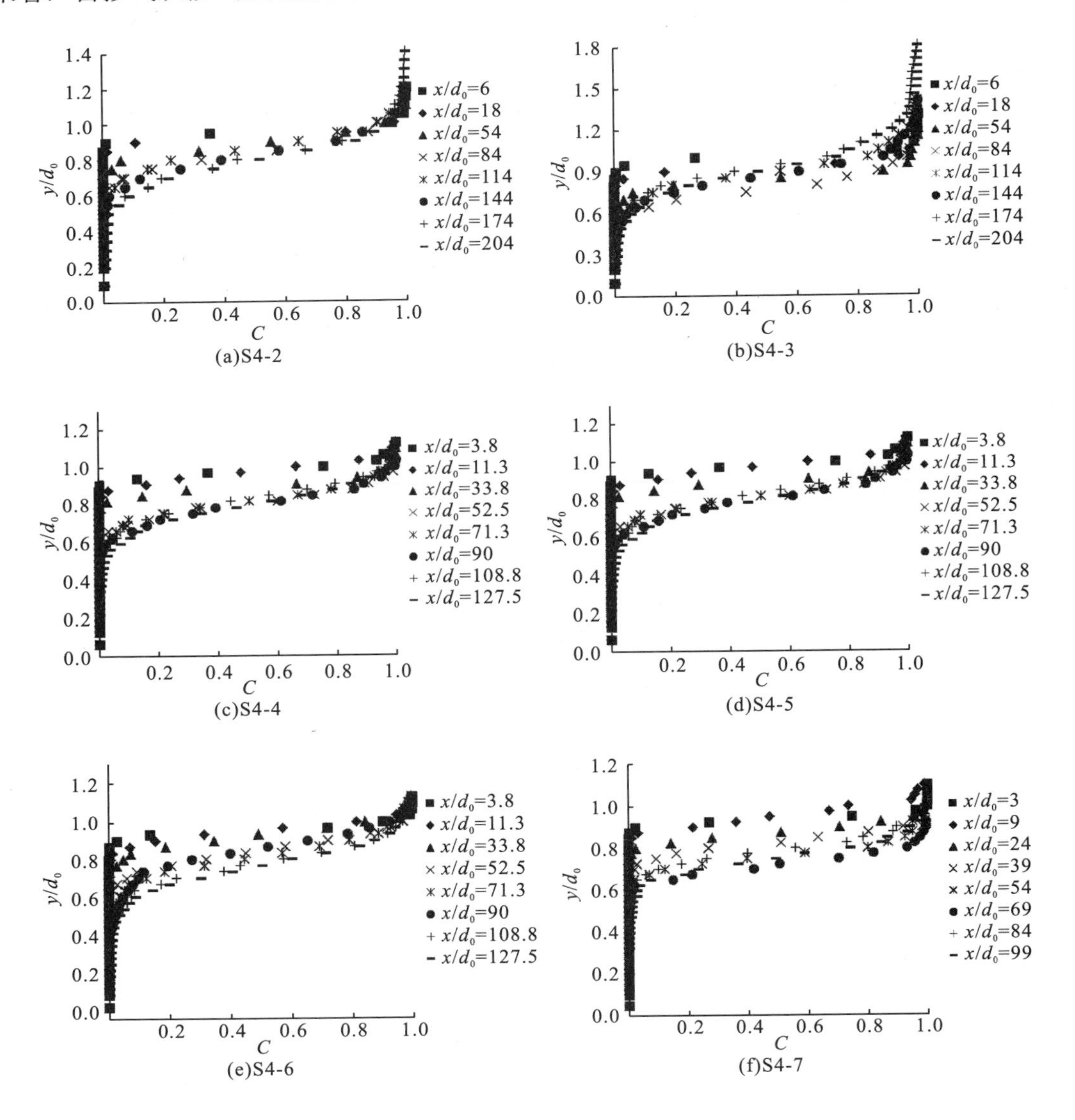

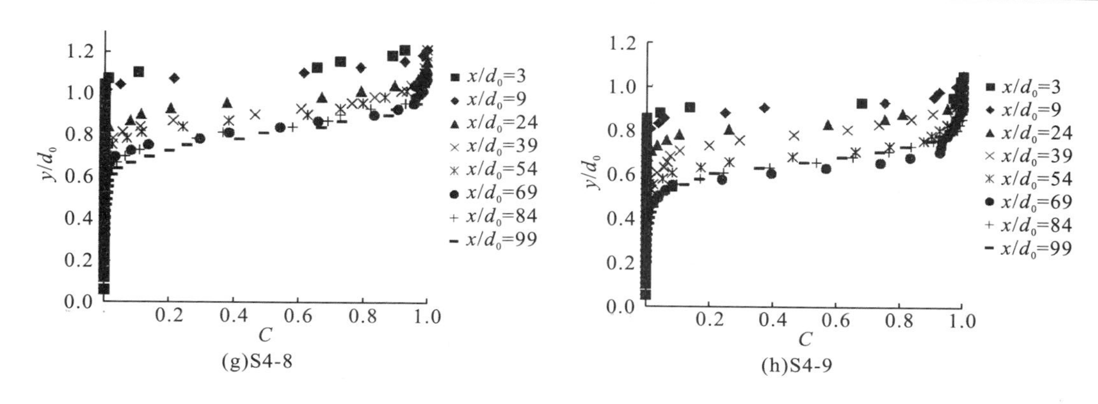


(g)S4-8　(h)S4-9

图 4-4　自掺气水流掺气浓度沿程断面分布

根据对明渠自掺气水流自由面附近掺气浓度和流速的测量结果分析，掺气浓度在 0.95 以上时，水气两相混合的均匀性明显下降，完全处于水点跃移区，水气两相速度不相等，因此以掺气浓度为 $C$=0.90 的断面位置 $y_{90}$ 作为水流自由面，即自掺气区顶缘位置。试验中由于无法准确测量到 $C$=0.90 位置，因此采用 $C$=0.90 前后两个测量值的线性差值求得。图 4-5 展示了不同渠道坡度条件下掺气区顶缘位置沿程变化情况。

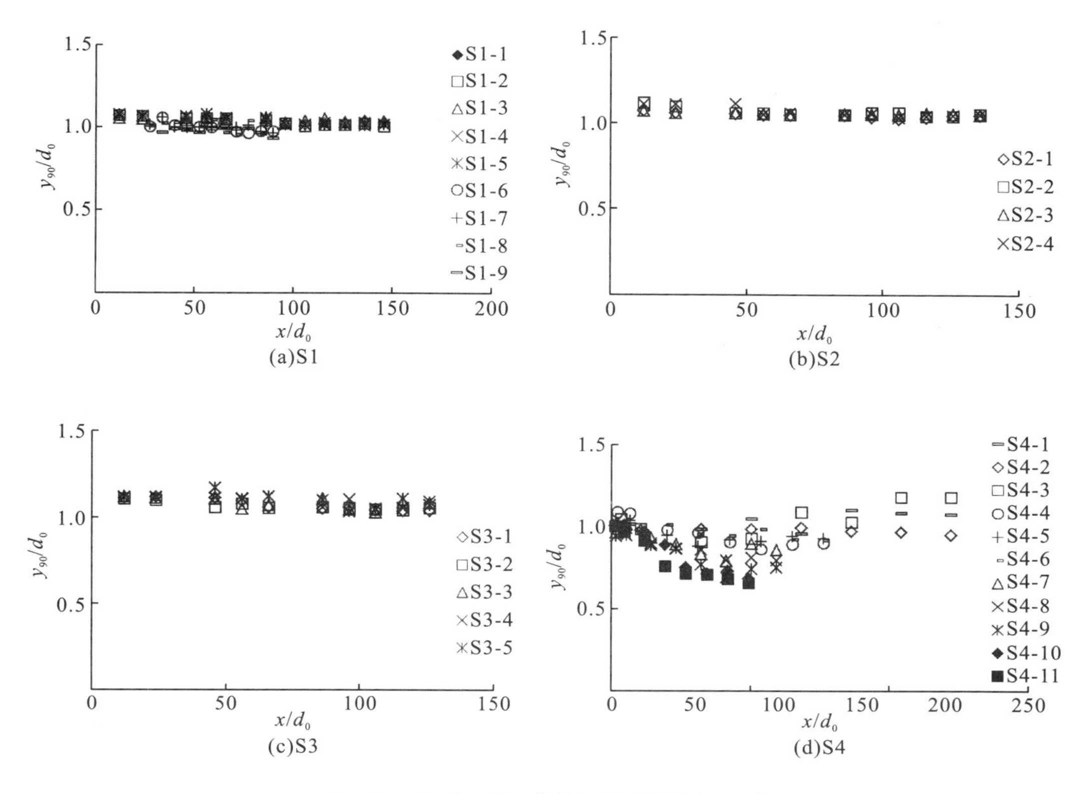


(a)S1　(b)S2

(c)S3　(d)S4

图 4-5　自掺气水流沿程自由面变化($y_{90}/d_0$)

从图 4-5 中可以看出，坡度为 9.5°～17.5° 时，在自掺气初始阶段($0<x/d_0<20$)，由于试验中水面轻微波动并受掺气膨胀的影响，掺气顶缘位置略大于出口高度，并随水流沿程有所减小。这主要是由于在此坡度变化范围内，水流沿程加速较慢，导致自由面下降幅度较小。根据明渠恒定非均匀流非掺气水面线计算方法[23]，在末断面 $x/d_0=126$ 位置，水流自由面 $y_{non}=0.048\text{m}$，同时掺气程度相对较低，如工况 S3-5，$V_0=7.2\text{m/s}$，$d_0=0.05\text{m}$，在末断面平均掺气浓度 $C_{mean}=0.1652$，由此增加的水深 $y_{90}=y_{non}(1+C_{mean})=0.055\text{m}$，整个试验段范围内水深仅增大 5mm，并且实测非掺气水深为 $y_{non\,实测}=y_{90}(1-C_{mean})=0.046\text{m}$，与理论相差 4.2%，考虑试验测量误差，在允许范围之内，因此水流自由面沿程变化幅度比较平缓是合理的。

当坡度为 28° 时，水流自由面变化有所不同，出口高度较大时，沿程水流自由面明显下降，随着出口高度的降低，沿程自由面下降的趋势逐渐放缓。对于 $d_0=0.05\text{m}$ 的三个工况，在自掺气发展距离出口位置较远的断面，出现了沿程水深逐渐增大的趋势，这主要有两个方面的原因：首先，不同水深条件下，非掺气水流沿程自由面变化存在一定差异，在流速为 7.0～7.5m/s 时，水深越大(S4-11，$d_0=0.12\text{m}$)，沿程水流加速过程中自由面下降越明显；水深越小(S4-2，$d_0=0.05\text{m}$)，沿程水流加速过程中，自由面变化较为平缓。其次，随着水流沿程自掺气的发展，水流加速过程中水流掺气程度不断增大，水体也随之膨胀，水深增大，在流速相同的条件下，沿程相同位置($x$ 相同)处水深越小，掺气发展的相对距离越长($x/d_0$ 越大)，水深增加程度也相应越大。综合以上两点，可以认为试验中水流自由面沿程变化有所不同是合理的。

## 4.3 掺气浓度断面分布计算方法

根据自掺气水流断面掺气程度的不同，气泡在断面上的扩散范围有所不同，当自掺气水流断面存在清水区时，认为气泡在无限域中进行扩散，如图 4-6(a)所示；当自掺气水流断面无清水区存在时，气泡扩散至明渠底部时，形成全断面掺气，在这种情况下，固壁底面边界并不吸收气泡，认为气泡在有限域中进行扩散，如图 4-6(b)所示。气泡在无限域与有限域中的分布扩散有所不同，因此掺气浓度断面分布计算分为两种分布情况进行分析。

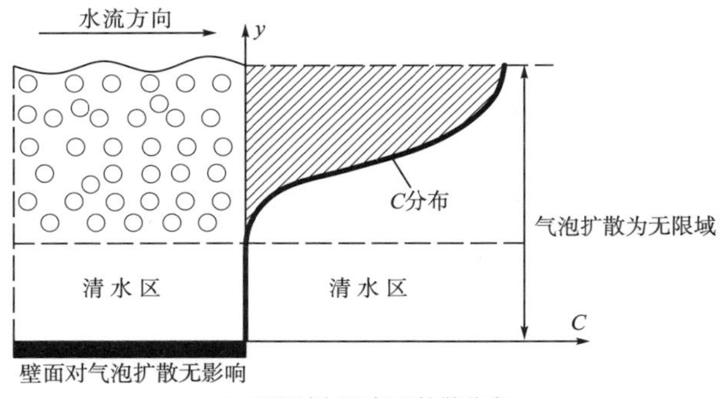


(a)无限域气泡断面扩散分布

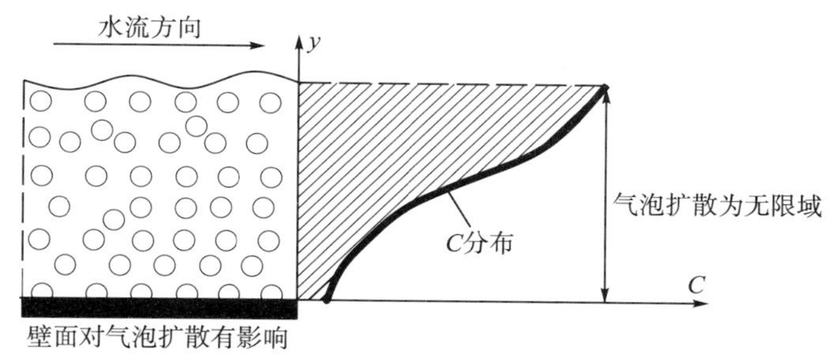


(b)有限域气泡断面扩散分布

图 4-6　自掺气水流断面气泡扩散分布规律

### 4.3.1　无限域掺气浓度断面分布

以 Chanson[53]提出的计算模型进行说明，对于二维均匀掺气水流，控制方程为气相连续方程，Cartesian 坐标中为

$$\frac{\partial C}{\partial t}+\frac{\partial}{\partial x}(V_x\cdot C)+\frac{\partial}{\partial y}(V_y\cdot C)=\frac{\partial}{\partial x}\left[(D_{tx})_{\mathrm{a}}\cdot\frac{\partial C}{\partial x}\right]+\frac{\partial}{\partial y}\left[(D_{ty})_{\mathrm{a}}\cdot\frac{\partial C}{\partial y}\right]-\sin\alpha\cdot\frac{\partial}{\partial x}(-u_{\mathrm{r}}\cdot C)-\cos\alpha\cdot\frac{\partial}{\partial y}(u_{\mathrm{r}}\cdot C) \tag{4-1}$$

其中，$C$ 为气相浓度(掺气浓度)；$V_x$ 和 $V_y$ 分别为沿水流运动方向($x$ 方向)和垂直于水流运动方向($y$ 方向)的时均速度；$(D_{tx})_{\mathrm{a}}$ 和 $(D_{ty})_{\mathrm{a}}$ 分别为 $x$ 方向和 $y$ 方向上的气相紊动扩散系数；$u_{\mathrm{r}}$ 为气泡在浮力作用下沿 $y$ 方向的上浮速度；$\alpha$ 为渠道坡度；$t$ 为运动时间，方程同时基于掺气水流不可压缩性假定。

根据恒定均匀流条件，$\partial/\partial x=0$，$V_y=0$，方程可简化为

$$\frac{\partial}{\partial y}\left[(D_{ty})_{\mathrm{a}}\cdot\frac{\partial C}{\partial y}\right]-\cos\alpha\cdot\frac{\partial}{\partial y}(C\cdot u_{\mathrm{r}})=0 \tag{4-2}$$

根据其研究，忽略气泡质量，单个气泡在静水条件下上浮速度的平方与压力梯度满足正比关系，即：

$$(u_{\mathrm{r}})_{\mathrm{H}}^2\sim\frac{\mathrm{d}p}{\mathrm{d}y} \tag{4-3}$$

其中，$(u_{\mathrm{r}})_{\mathrm{H}}$ 为静水条件下单个气泡上浮速度；$p$ 为压强。对于水气二相流，压力梯度断面分布满足：

$$\frac{\mathrm{d}p}{\mathrm{d}y}=\rho\cdot(1-C)\cdot g\cdot\cos\alpha \tag{4-4}$$

其中，$\rho$ 为水的密度；$g$ 为重力加速度。假设掺气水流中气泡上浮速度为

$$u_{\mathrm{r}}^2=\left[(u_{\mathrm{r}}^2)_{\mathrm{H}}\right]^2\cdot(1-C) \tag{4-5}$$

再将式(4-5)带入式(4-2)，得到：

$$\frac{\partial}{\partial y}\left[(D_{ty})_{\mathrm{a}}\cdot\frac{\partial C}{\partial y}\right]=(u_{\mathrm{r}})_{\mathrm{H}}\cdot\cos\alpha\cdot\frac{\partial}{\partial y}(C\cdot\sqrt{1-C}) \tag{4-6}$$

引入无量纲水深 $y'$ 和气相紊动扩散系数 $D_a$，

$$y' = \frac{y}{y_{90}} \tag{4-7}$$

$$D_a = \frac{(D_{ty})_a}{(u_r)_H \cdot \cos\alpha \cdot y_{90}} \tag{4-8}$$

带入式(4-6)得到：

$$\frac{\partial}{\partial y'}\left[D_a \cdot \frac{\partial C}{\partial y'}\right] = \frac{\partial}{\partial y'}(C \cdot \sqrt{1-C}) \tag{4-9}$$

通过积分，整理得到水流断面掺气浓度分布计算公式：

$$C = 1 - \tanh^2\left(K_a - \frac{y'}{2D_a}\right) \tag{4-10}$$

其中，$K_a$ 为无量纲系数，根据边界条件当 $y'=1$ 时 $C=0.90$，得到：

$$K_a = \tanh^{-1}(\sqrt{0.1}) + \frac{1}{2D_a} \tag{4-11}$$

因此，自掺气水流断面下部掺气浓度分布计算公式为

$$C = 1 - \tanh^2\left(\tanh^{-1}(\sqrt{0.1}) + \frac{1-y'}{2D_a}\right) \tag{4-12}$$

对于气相紊动扩散系数 $D_a$，根据水流断面下部平均掺气浓度 $(C)_{0.5}$ 推算得到：

$$C_{\text{mean}} = \int_0^1 C\mathrm{d}y' = 2D_a\left[\tanh(\tanh^{-1}\sqrt{0.1} + \frac{1}{2D_a}) - \tanh(\tanh^{-1}\sqrt{0.1})\right] \tag{4-13}$$

对于 $(C_{\text{mean}})_L \leqslant 0.3$，下部断面平均掺气浓度与对应气相紊动扩散系数之间近似满足：

$$D_a = 0.757 \cdot (C_{\text{mean}})^{1.010} \tag{4-14}$$

其相关系数为 0.9999。

图 4-7 展示了掺气浓度断面分布计算值与试验值的对比结果，可以看出采用 Chanson 提出的全断面直接计算模型结合自掺气水流基本方程能够较好地计算掺气浓度断面分布。

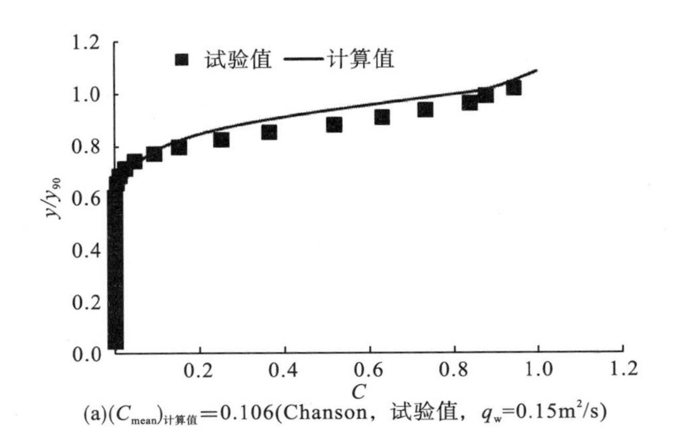


(a)$(C_{\text{mean}})_{计算值}$=0.106(Chanson，试验值，$q_w$=0.15m²/s)

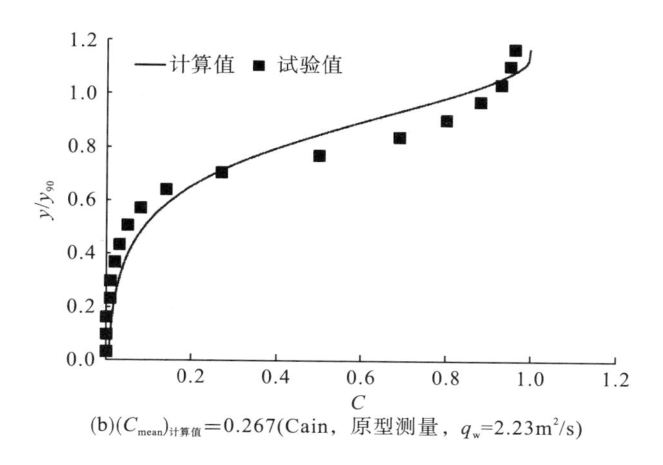

(b)$(C_{mean})_{计算值}$=0.267(Cain，原型测量，$q_w$=2.23m²/s)

图 4-7　自掺气水流断面掺气浓度分布计算值与试验值对比

对于明渠自掺气水流的传统研究认为，未达到全断面掺气的明渠掺气水流，其垂向结构基本分为三个部分：水点跃移区、气泡悬移区和清水区。其中高浓度区主要为水点跃移区，低浓度区主要为气泡悬移区。对于坡度较缓的情况（小于 30°），气泡悬移区相对明显增大，随着流量的增大，高浓度区明显缩小，水点跃移运动对于水流掺气浓度的贡献量已不是主要因素。

对于高浓度区（$C$>0.50），“捕获空气”所占掺气浓度比例较大，并且随着掺气浓度的增大，捕获空气比例也随着急剧上升；当 $C$>0.80 时，“捕获空气”形成掺气形式，所占比例达到 60%以上，说明在高浓度区，水流自掺气的主要形式是由于水面变形所导致的。对于低浓度区（$C$<0.50），卷吸进入水体的气泡占对应点掺气浓度的比例较大，气泡浓度比例均在 60%以上，说明在低掺气浓度区水流掺气主要形式是由于卷吸进入水体的散粒体气泡。

根据以上分析，以掺气浓度 $C$=0.50 的位置 $y_{50}$ 作为自掺气水流断面水气结构特征的分界位置，上部为高掺气浓度区（$y>y_{50}$），其掺气浓度主要由凹陷在水流自由面之间的空气构成，这部分含水量相对较低，因此可以近似看作水流在紊动作用下向空气中横向扩散的过程，即“水在气中”紊动扩散；下部为低掺气浓度区（$y<y_{50}$），其掺气浓度主要由卷吸进入水体的散粒体气泡构成，这部分含气量相对较低，因此可以近似看作气泡在紊动作用下向水体中横向扩散，即“气在水中”紊动扩散。本书对于自掺气水流断面浓度分布的计算就以此为依据，将掺气断面以 $y_{50}$ 为界，分上下两部分进行计算。

对于二维明渠自掺气水流，断面水气结构可以分为上部和下部两部分。其中，上部为自由面在紊动作用下形成的水点及粗糙表面在空气中的紊动扩散过程，下部为卷吸进入水体中的气泡在水体中的紊动扩散过程。以水相和气相浓度所占比重的大小作为上部和下部的分界线，即上部水流气相浓度大于水相浓度，下部水流水相浓度大于气相浓度，因此定义掺气浓度 $C$=0.50 的位置 $y_{50}$ 作为上下两部分的分界线，上部：$y>y_{50}$，下部：$y<y_{50}$。同时计算模型建立基于以下假定。

(1) 计算条件为自掺气发展均匀区，为恒定均匀流，即水流掺气浓度、速度等水力特性沿程保持不变。

(2) 掺气水流中水相速度和气相速度相等，二者之间不存在滑移速度。

(3) 气泡未扩散至渠道底部。

定义下部断面气相平均浓度$(C_{\text{mean}})_{\text{L}}$和上部断面水相平均浓度$(C_{\text{mean}})_{\text{w}}$分别为

$$(C_{\text{mean}})_{\text{L}}=\int_0^1 C\mathrm{d}\frac{y}{y_{50}} \tag{4-15}$$

$$(C_{\text{mean}})_{\text{w}}=1-(C_{\text{mean}})_{\text{u}}=\int_1^{y_{90}/y_{50}} C_{\text{w}}\mathrm{d}\frac{y}{y_{50}} \tag{4-16}$$

其中，$(C_{\text{mean}})_{\text{L}}$为上部断面气相平均浓度；$C_{\text{w}}$为某一位置含水浓度，$C$和$C_{\text{w}}$关系满足：

$$C+C_{\text{w}}=1 \tag{4-17}$$

### 1.下部断面($y<y_{50}$)

引入无量纲水深$y'$和气相紊动扩散系数$D_{\text{a}}$，

$$y'=\frac{y}{y_{50}} \tag{4-18}$$

$$D_{\text{a}}=\frac{(D_{ty})_{\text{a}}}{(u_{\text{r}})_{\text{H}}\cdot\cos\alpha\cdot y_{50}} \tag{4-19}$$

带入式(4-16)得到：

$$\frac{\partial}{\partial y'}\left[D_{\text{a}}\cdot\frac{\partial C}{\partial y'}\right]=\frac{\partial}{\partial y'}(C\cdot\sqrt{1-C}) \tag{4-20}$$

通过积分，整理得到水流断面掺气浓度分布计算公式：

$$C=1-\tanh^2\left(K_{\text{a}}-\frac{y'}{2D_{\text{a}}}\right) \tag{4-21}$$

其中，$K_{\text{a}}$为无量纲系数，根据边界条件当$y'=1$时$C=0.5$，得到：

$$K_{\text{a}}=\tanh^{-1}(\sqrt{0.5})+\frac{1}{2D_{\text{a}}} \tag{4-22}$$

因此，自掺气水流断面下部掺气浓度分布计算公式为

$$C=1-\tanh^2\left(\tanh^{-1}(\sqrt{0.5})+\frac{1-y'}{2D_{\text{a}}}\right) \tag{4-23}$$

对于气相紊动扩散系数$D_{\text{a}}$，根据水流断面下部平均掺气浓度$(C)_{0.5}$推算得到：

$$\left(C_{\text{mean}}\right)_{\text{L}}=\int_0^1 C\mathrm{d}y'=2D_{\text{a}}\left[\tanh\left(\tanh^{-1}\sqrt{0.5}+\frac{1}{2D_{\text{a}}}\right)-\tanh(\tanh^{-1}\sqrt{0.5})\right] \tag{4-24}$$

对于$(C_{\text{mean}})_{\text{L}}\leqslant 0.3$，下部断面平均掺气浓度与对应气相紊动扩散系数之间近似满足：

$$D_{\text{a}}=1.801\cdot\left(C_{\text{mean}}\right)_{\text{L}}^{1.016} \tag{4-25}$$

### 2.上部断面($y>y_{50}$)

对于二维均匀掺气水流，控制方程为水相连续方程，Cartesian 坐标中为

$$\frac{\partial C_{\mathrm{w}}}{\partial t}+\frac{\partial}{\partial x}(V_x\cdot C_{\mathrm{w}})+\frac{\partial}{\partial y}(V_y\cdot C_{\mathrm{w}})=\frac{\partial}{\partial x}\left[(D_{tx})_{\mathrm{w}}\cdot\frac{\partial C_{\mathrm{w}}}{\partial x}\right]+\frac{\partial}{\partial y}\left[(D_{ty})_{\mathrm{w}}\cdot\frac{\partial C_{\mathrm{w}}}{\partial y}\right]-\sin\alpha\cdot\frac{\partial}{\partial x}(u_{\mathrm{f}}\cdot C_{\mathrm{w}})+\cos\alpha\cdot\frac{\partial}{\partial y}(C_{\mathrm{w}}\cdot u_{\mathrm{f}}) \tag{4-26}$$

其中，$C_{\mathrm{w}}$为水相浓度(即气中含水浓度)；$(D_{tx})_{\mathrm{w}}$和$(D_{ty})_{\mathrm{w}}$分别为$x$方向和$y$方向上的水相紊动扩散系数；$u_{\mathrm{f}}$为水相受重力作用下落速度，其方向沿$y$反方向，方程同时基于掺气水流不可压缩性假定。

同下部断面分析相同，对于恒定均匀流条件，$\partial/\partial x=0$，$V_y=0$，方程可简化为

$$\frac{\partial}{\partial y}\left[(D_{ty})_{\mathrm{w}}\cdot\frac{\partial C_{\mathrm{w}}}{\partial y}\right]-\cos\alpha\cdot\frac{\partial}{\partial y}(-u_{\mathrm{f}}\cdot C_{\mathrm{w}})=0 \tag{4-27}$$

根据前人对于掺气水流中水点下落速度的研究，某一位置水点下落速度受到该位置在断面的相对位置与对应掺气浓度的影响，假设$u_{\mathrm{f}}$满足：

$$u_{\mathrm{f}}=(u_{\mathrm{f}})_{\mathrm{C}}\cdot(1-C_{\mathrm{w}})\cdot\frac{y}{y_{50}} \tag{4-28}$$

其中，$(u_{\mathrm{f}})_{\mathrm{C}}$为假定的水体掺气前在紊动作用跃出水面的水点向下回落的速度。由于自掺气发生条件仅与水流本身紊动状态有关，因此在水点跃移发生掺气临界状态下可以认为$(u_{\mathrm{f}})_{\mathrm{C}}$为常数，式(4-27)可写为

$$\frac{\partial}{\partial y}\left[(D_{ty})_{\mathrm{w}}\cdot\frac{\partial C_{\mathrm{w}}}{\partial y}\right]+(u_{\mathrm{f}})_{\mathrm{C}}\cdot\cos\alpha\frac{\partial}{\partial y}\left[(1-C_{\mathrm{w}})\cdot C_{\mathrm{w}}\cdot\frac{y}{y_{50}}\right]=0 \tag{4-29}$$

引入无量纲水深$y'$和水相紊动扩散系数$D_{\mathrm{w}}$，

$$y'=\frac{y}{y_{50}} \tag{4-30}$$

$$D_{\mathrm{w}}=\frac{(D_{ty})_{\mathrm{w}}}{(u_{\mathrm{f}})_{\mathrm{C}}\cdot\cos\alpha\cdot y_{50}} \tag{4-31}$$

通过积分，整理得到：

$$\ln\frac{C_{\mathrm{w}}}{1-C_{\mathrm{w}}}+K_{\mathrm{w}}=-\frac{(y')^2}{2D_{\mathrm{w}}} \tag{4-32}$$

其中，$K_{\mathrm{w}}$为无量纲系数，根据边界条件当$y'=1$时$C_{\mathrm{a}}=0.5$，得到：

$$K_{\mathrm{w}}=-\frac{1}{2D_{\mathrm{w}}} \tag{4-33}$$

因此，自掺气水流断面上部含水浓度分布计算公式为

$$C_{\mathrm{w}}=\frac{1}{1+\exp\left[\dfrac{(y')^2-1}{2D_{\mathrm{w}}}\right]} \tag{4-34}$$

对于水相紊动扩散系数$D_{\mathrm{w}}$，根据水流断面上部平均含水浓度$(C_{\mathrm{w}})_{0.5}$推算得到：

$$(C_{\mathrm{mean}})_{\mathrm{w}}=\int_1^{+\infty}C_{\mathrm{w}}\mathrm{d}y'=\int_1^{+\infty}\frac{1}{1+\exp\left[\dfrac{(y')^2-1}{2D_{\mathrm{w}}}\right]}\mathrm{d}y' \tag{4-35}$$

对于$(C_w)_{0.5}\leqslant 0.4$，上部断面平均含水浓度与对应水相紊动扩散系数之间近似满足：

$$D_w=0.473\cdot(C_{mean})_w^{1.230} \tag{4-36}$$

因此，根据水相和气相浓度关系，自掺气水流上部断面掺气浓度分布计算公式为

$$C=1-C_w=\frac{\exp\left[\dfrac{(y')^2-1}{2D_w}\right]}{1+\exp\left[\dfrac{(y')^2-1}{2D_w}\right]} \tag{4-37}$$

### 3.理论计算与测量数据对比

将明渠自掺气水流断面掺气浓度分布理论公式[式(4-23)和式(4-37)]同本试验中实测数据进行对比，公式计算所需$D_a$和$D_w$通过实测数据推算获得。从对比结果可以看出，根据自掺气水流恒定均匀假设条件所推导出的掺气浓度分布计算结果，对于自掺气发展区掺气浓度断面分布，沿程不同断面掺气程度条件下理论计算结果均同实测结果吻合良好，符合掺气发展及扩散过程(图4-8)。

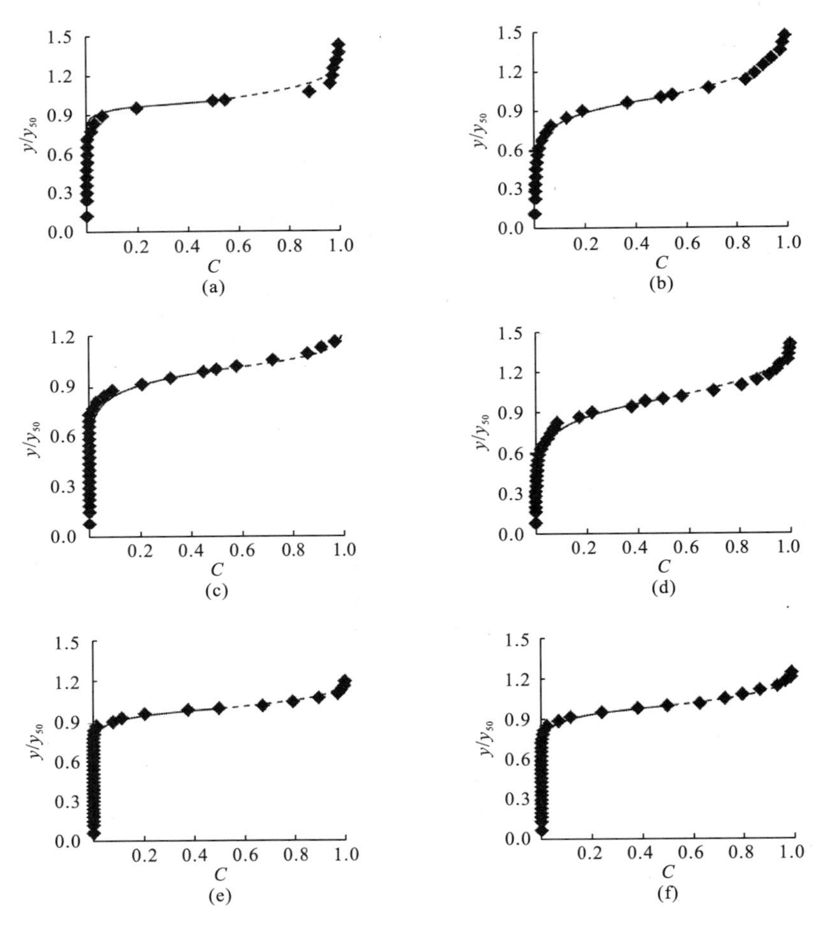


图4-8 掺气浓度分布计算值与试验值对比

为了进一步验证掺气浓度断面分布计算公式，将前人不同的自掺气试验与原型测量结果(Aviemore 溢流坝)同式(4-23)和式(4-37)进行对比，结果如图 4-9 所示。可以看出，对于不同掺气发展状态，计算结果与试验和原型测量数据均吻合较好。

以上对比结果印证了之前对自掺气水流水气结构分析的合理性，在自掺气水流中，需要考虑自由面变形和散粒体气泡两种掺气状态，即使是从自掺气发展到均匀掺气状态，也要考虑自由面紊动变形而捕获空气对于水气两相紊动扩散的影响，这与前人单从散粒体气泡的紊动扩散或者水滴的紊动扩散入手，对断面掺气浓度分布进行计算有本质的不同。

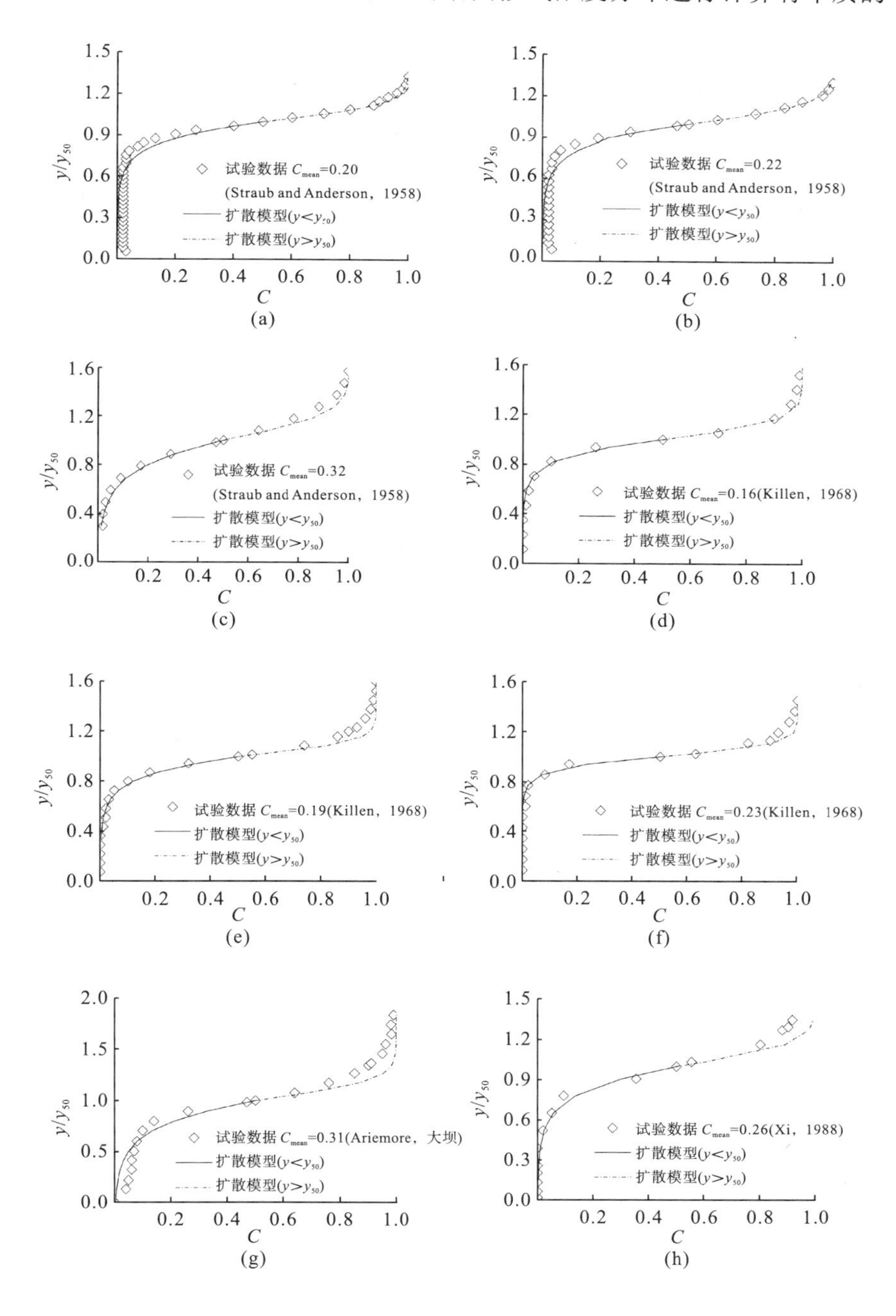

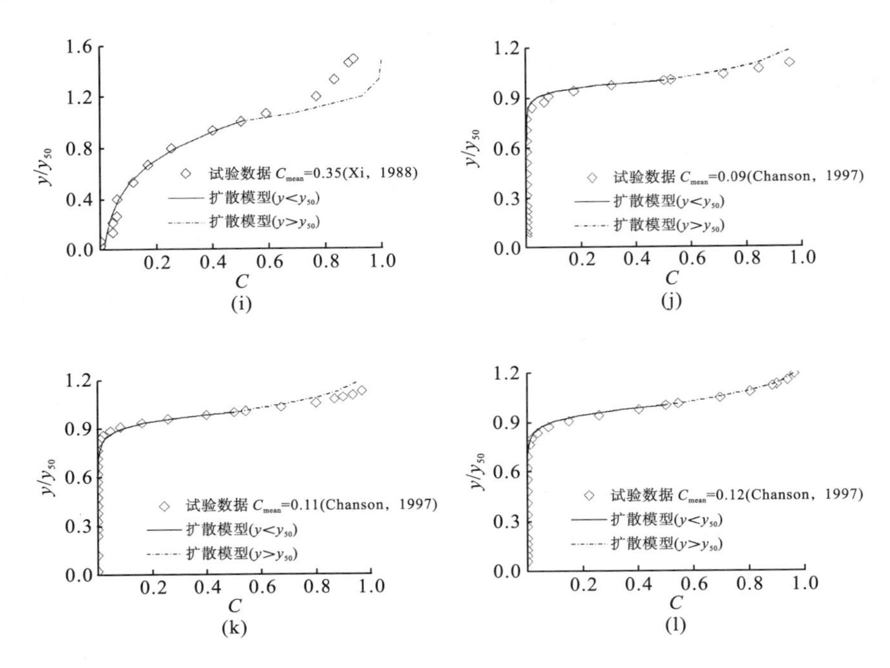


图 4-9　掺气浓度分布计算值与试验值对比

需要说明的是，自掺气水流两种水气结构形式并不是完全独立的，如当自由面变形达到一定程度后，会出现失稳。在这个过程中相邻自由面发生闭合，形成卷吸气泡进入水体中，使得“捕获空气”发展演变为散粒体气泡，如前一章对于自由面卷吸气泡机理的分析。因此，今后对于水流自掺气应重点研究两种不同水气结构之间的关系。

### 4.3.2　有限域掺气浓度断面分布

对于明渠自掺气水流，随着掺气程度的增加，气泡充分扩散到达槽底时，由于固壁边界并不吸收气泡，扩散至这一区域的气泡会受固壁边界的约束反射相互作用，气泡会在浮力及浓度差的作用下克服向下的紊动扩散作用向上运动，因此沿程影响范围的掺气浓度应为向下扩散的气泡和壁面反射向上运动的气泡浓度之和。这就是掺气扩散在有限域中浓度分布的特征。

对于受壁面约束的气泡的反射扩散情况，引入“虚扩散”分析方法，由于掺气浓度分布沿断面水深为连续的，在不考虑底部约束位置的条件下，始终可以得到断面掺气浓度从 0 增大至 1 的连续分布范围，如图 4-10 所示。因此，对于已知断面掺气量(即断面平均掺气浓度)，通过掺气浓度分布直接计算方法由浓度反算出对应分布位置，与初始直接计算结果进行对比，可以确定出虚扩散范围，如图 4-11 所示，从图中可以看出，随着断面平均掺气浓度 $C_{mean}$ 的增大，掺气程度越大，具体表现如下。

(1) 当 $0<C_{mean}<(0.2\sim0.3)$ 时，断面掺气浓度分布主要为含清水区分布，属于无限域分布规律，即当 $C=0$ 时，$y/y_{90}\neq0$。

(2) 当 $C_{mean}>(0.2\sim0.3)$ 时，断面掺气浓度已经扩散至壁面位置，即当 $y/y_{90}=0$ 时，$C\neq0$。此时已经存在比较明显的虚扩散区域，可以认为此时掺气浓度分布计算必须考虑虚扩散的影响。

对于全断面掺气的有限域浓度分布情况，在计算过程中，首先根据断面平均掺气浓度计算初始掺气浓度分布，确定虚扩散范围，将虚扩散范围内的掺气浓度以“对称”的形式增加至相应对称位置的初始掺气浓度计算值中，对初始计算值进行修正(图 4-12)，得到实际掺气浓度断面分布。

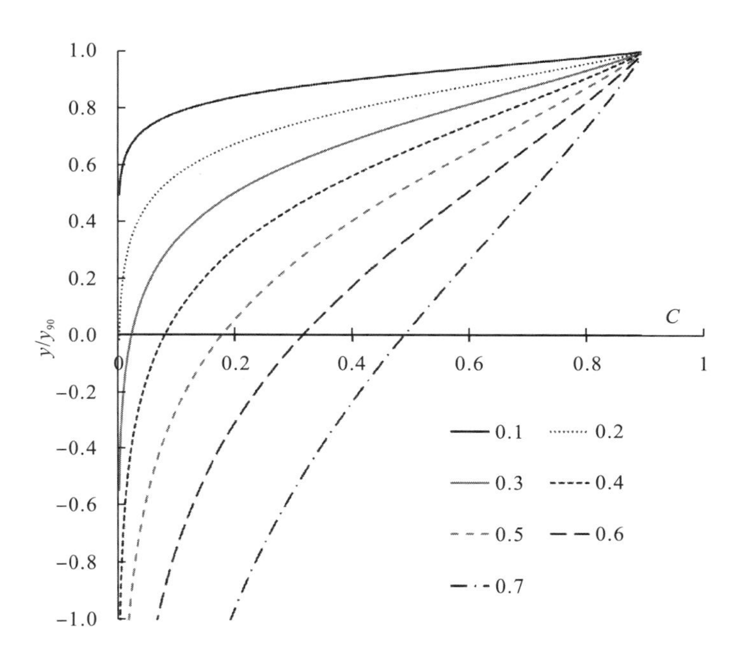


图 4-10　不同断面平均掺气浓度条件下断面掺气浓度分布理论分布规律(含虚扩散影响)

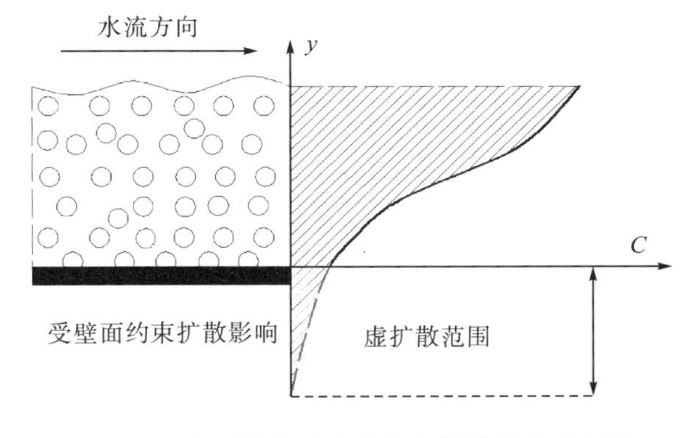


图 4-11　断面掺气浓度分布虚扩散影响示意图

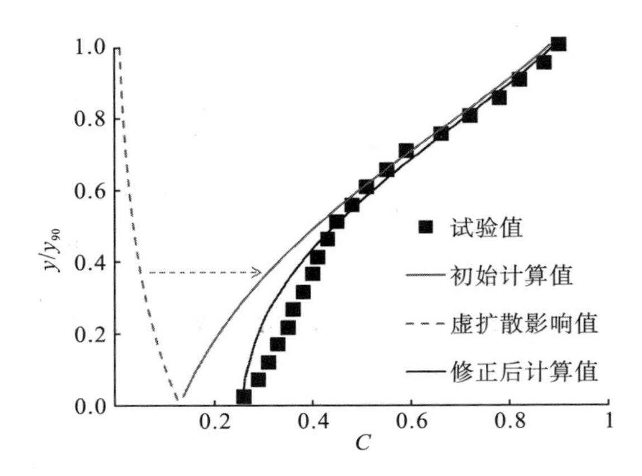


图 4-12 掺气浓度断面分布计算过程示意图

在虚扩散区域掺气浓度“对称”修正过程中，存在以下两种分类情况。

(1) 虚扩散影响范围小于掺气水流断面范围，$(0.2\sim0.3)<C_{mean}<0.5$（图 4-13），即气泡受壁面约束反射作用向上运动但是无法达到原水流自由面，在这种情况下，可以认为被反射的气泡受水体紊动作用可以完全停留在原掺气水流中，在计算过程中直接将虚扩散范围内的掺气浓度以对称形式增加到原掺气水流断面相应位置的初始掺气浓度计算值中，进而得到实际的掺气浓度断面分布。

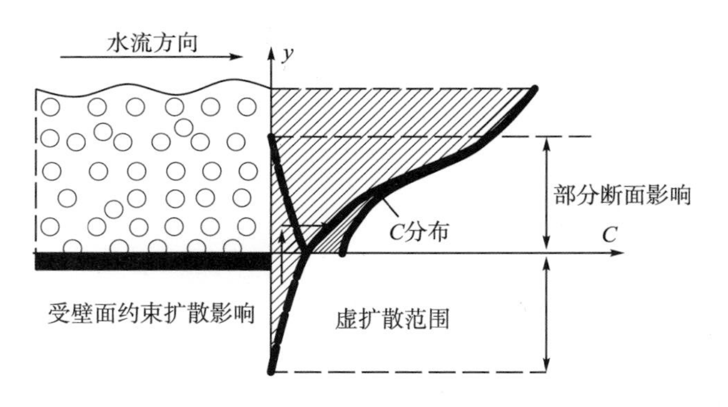


图 4-13 虚扩散部分断面影响示意图

(2) 虚扩散影响范围大于掺气水流断面范围，$C_{mean}>0.5$（图 4-14），即气泡受壁面约束反射作用向上运动并可以达到原水流自由面，在这种情况下，气泡的扩散运动规律对于掺气浓度分布的影响主要体现在对扩散强度的影响。若认为断面平均掺气浓度保持不变，气泡不会从自由面溢出，则气泡在浮力作用下会对自由面有一定的“顶托”作用，即自由面位置相对于初始计算位置有所增大。根据紊动扩散方程中紊动扩散系数的计算方法可知，扩散系数会随自由面位置 $(y_{90})$ 的增大而减小，即气泡扩散的强度会有所降低。因此在考虑虚扩散的影响计算断面掺气浓度分布时，应当对初始掺气浓度计算过程中的紊动扩散系数进行缩减修正，即

$$D_a^*=\zeta\cdot D_a \tag{4-38}$$

式中，$\zeta$ 为槽底虚扩散对自由面影响的修正系数，$\zeta<1.0$。根据对试验及原型过程的数据资料，取 $\zeta=0.70$，进而在计算过程中将虚扩散范围内的掺气浓度以对称形式增加到原掺气水流断面相应位置的初始掺气浓度计算值中，得到实际的掺气浓度断面分布。

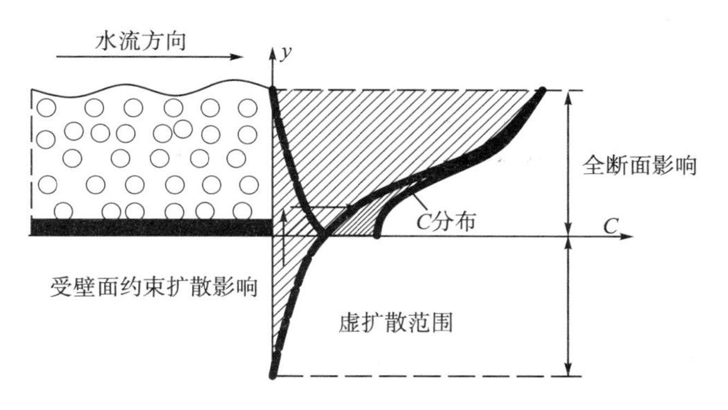


图 4-14　虚扩散全断面影响示意图

根据以上方法计算的有限域掺气浓度断面分布与试验值对比如图 4-15 所示，从图中可以看出，对于自掺气发展至全断面情况，掺气浓度断面分布计算值在沿水深方向的变化趋势和数值大小均与试验测量结果吻合良好；同时可以看出，与之前的计算结果相比，计

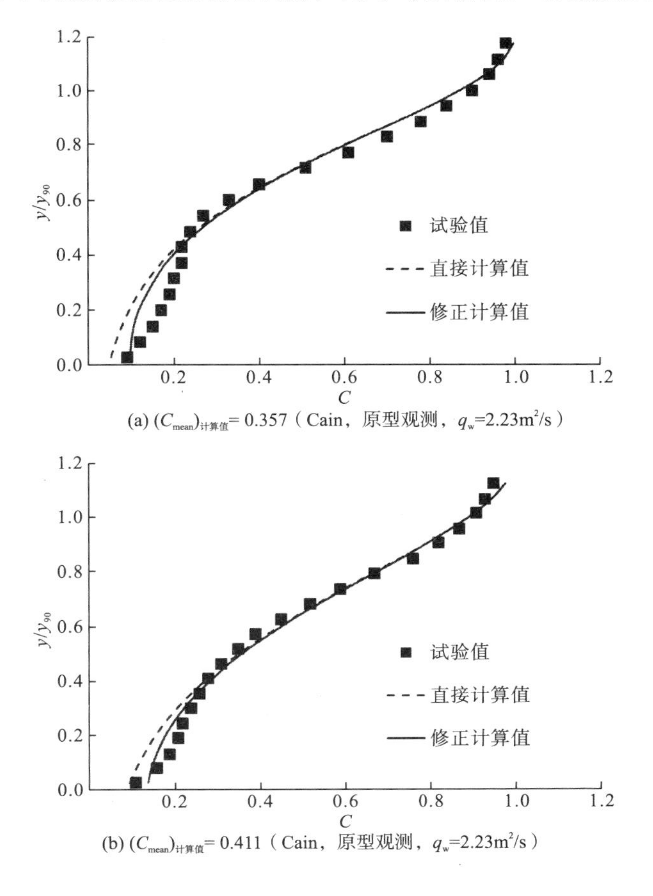

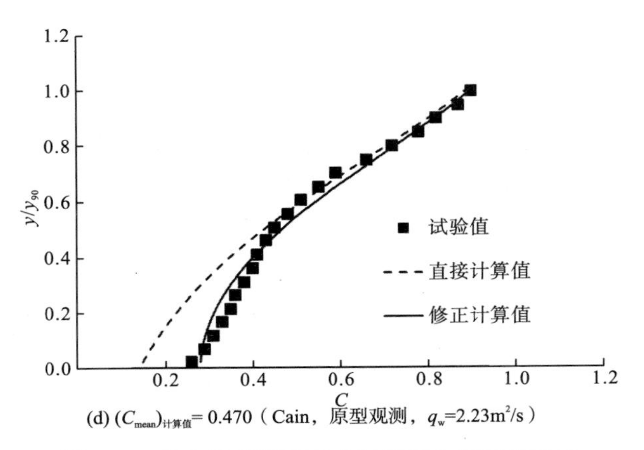


(d) $(C_{mean})_{计算值}$= 0.470（Cain，原型观测，$q_w$=2.23m²/s）

图 4-15 掺气浓度断面分布计算值与试验值对比

算精度有所提升，特别是在断面底部，掺气程度越大，计算精度显著提升。说明对于自掺气全断面气泡扩散的情况，以“虚扩散”的分析思路解决明渠底部壁面对气泡有限域扩散规律是合理和可行的。

# 第 5 章　明渠自掺气水流水深与流速

对于明渠高速掺气水流，掺气水深与流速是影响泄洪建筑物设计的重要参数，水流掺气造成水体膨胀，相对于相同流速条件下的非掺气水流，水气混合体的水深明显增加，提高了工程设计要求。对于开敞式溢洪道等泄洪建筑物，必须得到掺气水流的水深，若设计时估计不足，边墙高度设计不足，会造成水流漫溢边墙，影响泄水建筑物的安全运行。对于无压明流隧洞，若对掺气水深的影响估计不足，洞顶净空面积(洞顶余幅)预留太小时，可能在泄水过程中产生有压流与无压流的交替，水流不断冲击动壁，威胁隧洞洞身安全。

对于自掺气水流流速的研究十分匮乏，有学者对掺气对流速的影响进行了研究，但观点不尽相同。有少数学者对掺气水流流速进行了实验测量。但就明渠水流自掺气对掺气水流速度的影响规律如何、掺气为什么影响水流速度以及自掺气水流速度分布规律等的研究至今仍进展缓慢，这是因为影响水流掺气过程的因素非常复杂，与水流的脉动流速、表面张力、水的运动黏滞系数、水的密度、固壁糙率及底坡等均有密切关系，因此对掺气水流的研究还不能像非掺气水流一样可通过模型试验来重演原型水流的现象。本章应用二相流理论研究明渠水流自掺气对断面平均流速的影响，建立求解明渠自掺气水流断面平均流速的理论公式，从理论上说明自掺气水流的速度分布必然存在一个自底面向水面方向不断增大，然后逐渐减小的过程。

## 5.1　明渠自掺气对水深的影响

### 5.1.1　自掺气水深经验计算方法

1.Ehrenburger 公式

Ehrenburger[1]在木质陡槽中开展了均匀流试验，建议掺气水深采用下面的公式计算：

$$h_m = h/[AR - 0.05(\sin\theta)B] \tag{5-1}$$

式中，$h_m$为掺气水流水深；$h$为清水水深；$R$为不掺气水流的水力半径；$\theta$为渠道的底坡；当$\sin\theta < 0.476$时，系数$A=0.42$，$B=-0.26$；当$\sin\theta > 0.476$时，系数$A=0.30$，$B=-0.74$。

2.Hall 公式

Hall[3]假定糙率$n$在给定的渠道中为常数，水中所含空气泡从水流表面直到水底具有相同的密度，根据陡槽自掺气的原型观测试验，分析得出自掺气水流水深的计算公式为

$$h_m = h\left(1+\frac{KU^2}{gR}\right) \tag{5-2}$$

式中，$U$ 为不掺气水流的平均流速；$K$ 为常数，对于混凝土陡槽，取 0.006。

### 3.DeLapp 公式[4]

$$h_m = K(q^2/g)^{1/3} \tag{5-3}$$

式中，$K$ 为与槽壁粗糙度有关的系数，为 0.316～0.372。由于 $K$ 值的原始数据不十分可靠，故计算中习惯取其平均值 0.344。

### 4.Stevens 公式

Stevens[54]在分析 Hall 资料的基础上，得出了计算掺气水深的公式：

$$h_m = [(q/8)^2/h]^{1/3} \tag{5-4}$$

### 5.王俊勇公式

王俊勇[55]整理分析了国内外 12 个原型工程均匀直段下游部位断面实测掺气水深资料，认为弗劳德数 $Fr$、糙率 $n$ 和渠槽宽度与水深之比 $b/h$ 是影响掺气水深的主要因素，拟合得到的掺气水深计算公式为

$$h_m = h\Big/\left\{0.937\left(Fr^2\frac{n\sqrt{g}}{R^{1/6}}\frac{b}{h}\right)^{-0.088}\right\} \tag{5-5}$$

### 6.王世夏公式

王世夏[56]分析了美国 Rapid 木陡槽和 Hat Creek、South Canal、Kittitas 混凝土陡槽的原型观测资料，三门峡 1#明流隧洞和刘家峡溢洪道的原型观测资料，Straub 在钢板人工加糙陡槽上的室内试验资料，Lakshmana 在光滑铝板陡槽上的室内试验资料，筛选测自渠槽均匀等宽直段的 90 组原型观测资料和 50 组室内试验数据，通过量纲分析，得到掺气水深的计算公式为

$$h_m = \frac{h}{1-0.538\left(\frac{nU}{R^{2/3}}-0.02\right)} \tag{5-6}$$

### 7.溢洪道设计规范推荐公式

现行《溢洪道设计规范》(DL/T 5166—2002)给出的波动及掺气水深估算公式为

$$h_m = h(1+\zeta U/100) \tag{5-7}$$

式中，$\zeta$ 为修正系数，一般为 1～1.4s/m，视流速和断面收缩情况而定，当流速大于 20m/s 时，宜采用较大值。

表 5-1　掺气水深经验计算公式对比

| $U$/(m/s) | $h_m/h$ | | | | | | |
|---|---|---|---|---|---|---|---|
| | 规范 | 王世夏 | 王俊勇 | Stevens | DeLapp | Hall | Ehrenburger |
| 20 | 1.26 | 1.04 | 1.10 | 0.40 | 0.62 | 1.06 | 0.93 |
| 30 | 1.42 | 1.08 | 1.40 | 0.67 | 0.93 | 1.16 | 2.13 |
| 40 | 1.56 | 1.13 | 1.32 | 1.00 | 1.24 | 1.33 | 2.43 |
| 50 | 1.7 | 1.19 | 1.30 | 1.35 | 1.55 | 1.59 | 1.01 |

通过对国内外掺气水深计算公式分析发现(表 5-1)：由于不同学者采用的模型试验和测量方法存在一定差异，导致所得到的掺气水深拟合公式计算结果彼此偏差较大，总的来看，Hall 公式和溢洪道设计规范推荐公式的计算值较为合理。溢洪道设计规范推荐公式计算的掺气水深结果偏大，虽能保证溢洪道边墙的高度，但工程建设成本费用增加过多。

## 5.1.2　自掺气水深理论分析

### 1.成因分析

根据水流的初始掺气条件计算得到自掺气水流沿程的平均掺气浓度，即可以定量地获得沿程水气二相流的总单宽流量 $q_0$：

$$q_0 = q_w + q_a = \frac{q_w}{1 - C_{mean}} \tag{5-8}$$

若将水气二相流看成均匀的流体，则根据等宽渠道流体断面单位能量最小可以得到对应的临界水深 $(h_K)_0$：

$$(h_K)_0 = \sqrt[3]{\frac{(q_0)^2}{g}} \tag{5-9}$$

以断面沿水深方向 $C = 0.9$ 的位置 $y_{90}$ 作为掺气水深，根据不同研究者的试验测量和原型观测结果，建立 $(h_K)_0$ 与 $y_{90}$ 之间的线性关系为

$$y_{90} = K_h \cdot (h_K)_0 = K_h \cdot \sqrt[3]{\frac{(q_0)^2}{g}} \tag{5-10}$$

其中，$K_h$ 为影响因子系数。不同研究者试验和测量条件所对应的 $K_h$ 见表 5-2。

表 5-2　不同试验与测量条件中影响因子系数 $K_h$

| 编号 | 坡度/(°) | $K_h$ | 备注 |
|---|---|---|---|
| 1 | 4 | 0.24 | Chanson (1997)，物理模型试验 |
| 2 | 7.5 | 0.3 | |
| 3 | 15 | 0.255 | Straub 和 Anderson (1958)，物理模型试验 |
| 4 | 22.5 | 0.235 | |
| 5 | 28 | 0.19 | Wei (2015)，物理模型试验 |

续表

| 编号 | 坡度/(°) | $K_h$ | 备注 |
|---|---|---|---|
| 6 | 30 | 0.215 | Straub 和 Anderson(1958)，物理模型试验 |
| 7 | 45 | 0.205 | Cain(1978)，原型观测 |
| 8 | 45 | 0.19 | Straub 和 Anderson(1958)，物理模型试验 |
| 9 | 52.5 | 0.16 | Xi(1988)，物理模型试验 |
| 10 | 52.5 | 0.16 | Killen(1968)，物理模型试验 |
| 11 | 60 | 0.16 | Straub 和 Anderson(1958)，物理模型试验 |
| 12 | 75 | 0.15 | |

可以看出，随着渠道坡度的增大，影响因子 $K_h$ 值逐渐减小，在 $\alpha$=4°～75° 时，$K_h$=0.15～0.30。由于模型制作差异和试验测量手段不同，所得到的影响因子存在一定的差异，但总体规律基本一致。图 5-1 展示了明渠自掺气水深的计算值与测量值的对比结果，可以看出式(5-10)能够比较良好地预测掺气水深及其沿程发展变化。

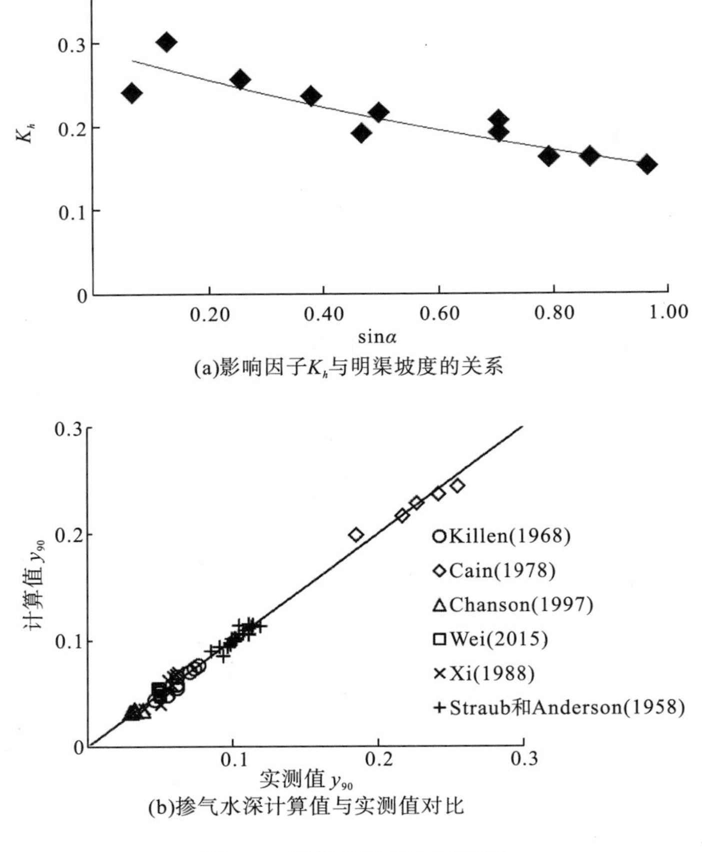


(a)影响因子$K_h$与明渠坡度的关系

(b)掺气水深计算值与实测值对比

图 5-1 明渠自掺气水深预测

## 2.涡体跃移理论分析

取水面附近的一个涡体来分析，假设涡体的特征直径为 $d_c$，如图 5-2 所示，涡体沿水面法线方向的瞬时流速为 $u_y$。

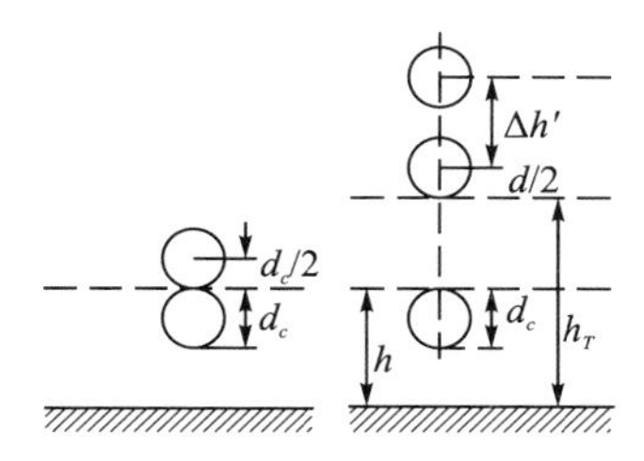


图 5-2　涡体跃移概化图

使涡体跃出水面的瞬时动能为

$$EK=\frac{1}{2}M_c{u_y}^2=\frac{1}{2}\rho\pi{d_c}^3{u_y}^2 \tag{5-11}$$

式中，$M_c$ 为涡体质量；$\rho$ 为水的密度。

水面附近的涡体完全跃出水面时，克服表面张力所做的功，可用表面自由能表示：

$$WS=\sigma_{\mathrm{w}}\pi{d_c}^2 \tag{5-12}$$

式中，$\sigma_{\mathrm{w}}$ 为水的表面张力系数。

水面附近涡体刚好完全跃出水面时，克服自身重力所做的重力功为

$$WG=\frac{4}{3}\gamma\pi\left(\frac{d_c}{2}\right)^3\frac{d_c}{2}\cos\alpha=\frac{1}{12}\gamma\pi{d_c}^4\cos\alpha \tag{5-13}$$

式中，$\alpha$ 水面倾角；$\gamma$ 为水的容重，这是水流自掺气前的情况。水流掺气后，涡体跃出的水面已非原来的水面，而是掺气水流的水点跃移区和气泡悬移区的交界面，所以未掺气前水面附近涡体刚好跃出掺气水流交界面时，克服自身重力所作的重力功为

$$WG=\frac{\pi{d_c}^3}{12}\gamma\cos\alpha\left(h_T-h+d_c-\int_{h-\frac{d_c}{2}}^{h_T}C_{\mathrm{w}}\mathrm{d}y\right) \tag{5-14}$$

式中，$h$ 为水流未掺气时的水深；$h_T$ 为交界面至槽底的距离；$C_{\mathrm{w}}$ 为含水浓度。

若涡体跃出水面后尚有竖向瞬时流速的余动能，涡体将以水滴形式跃移水面，抛射至某一高度 $\Delta h'$，则涡体所做的抛射功为

$$WP=\frac{1}{6}\pi{d_c}^3\gamma\cos\alpha\cdot\Delta h' \tag{5-15}$$

若不计水点受空气阻力的影响，根据功、能平衡原理：

$$EK=WS+WG+WP \tag{5-16}$$

整理后得

$$\frac{{u_y}^2}{2g}=\frac{6\sigma_{\mathrm{w}}}{\gamma d_c}+\left(1+\frac{\frac{d_c}{2}-\int_{h-\frac{d_c}{2}}^{h_T}C_{\mathrm{w}}\mathrm{d}y}{\Delta h_{\mathrm{aw}}}\right)\Delta h_{\mathrm{aw}}\cos\alpha \tag{5-17}$$

式中，$\Delta h_{\mathrm{aw}} = h_T - h + d_c/2 + \Delta h'$，为因掺气所增加的水深。

若令

$$\frac{\dfrac{d_c}{2} - \int_{h-\frac{d_c}{2}}^{h_T} C_{\mathrm{w}} \mathrm{d}y}{\Delta h_{\mathrm{aw}}} = K' \tag{5-18}$$

则式(5-17)可写作

$$\frac{u_y^{\ 2}}{2g} = \frac{6\sigma_{\mathrm{w}}}{\gamma d_c} + (1+K')\Delta h_{\mathrm{aw}} \cos\alpha \tag{5-19}$$

式中，$K'$ 为一无量纲数。其物理意义是涡体在纯水中运动时重力与浮力相等，二者所做的功之和为零，但涡体在水气二相流中运动时由于浮力小于重力，二者所做的功之和不为零，需要修正，所以 $K'$ 是因水流掺气对涡体重力功有关的修正系数，在水流未掺气之前，$h_T$=$h$，$C_{\mathrm{w}}$=1，因此 $K'$ =0。

由于未掺气水流沿水面法线方向的时均流速为零，所以涡体在沿水面法线方向的瞬时流速等于该方向的脉动流速，即 $u'_y$ =$u_y$，因此式(5-19)可写作

$$\frac{u_y'^2}{2g} = \frac{6\sigma_{\mathrm{w}}}{\gamma d_c} + (1+K')\Delta h_{\mathrm{aw}} \cos\alpha \tag{5-20}$$

由于涡体的运动具有随机性，对式(5-20)进行时间平均，得到

$$\frac{\sqrt{\overline{u_y'^2}}}{2g} = \frac{6\sigma_{\mathrm{w}}}{\gamma \overline{d_c}} + (1+\overline{K'})\Delta \overline{h_{\mathrm{aw}}} \cos\alpha \tag{5-21}$$

这就是明渠自掺气水流的基本方程。

不掺气水流水面附近涡体的平均尺寸与涡体的微尺度 $\lambda = \eta(\nu h/u^*)^{\frac{1}{2}}$ 成正比[8]。其中 $\eta$ 为系数；$\nu$ 为水的运动黏性系数；$h$ 为水深；$u^*$为摩阻流速。考虑到三维流动时 $h$ 应以水力半径 $R$ 代替，涡体时均尺寸可设为

$$\overline{d_c} = k_1\sqrt{\frac{\nu R}{u^*}} \tag{5-22}$$

式中，$k_1$ 为系数。

根据窦国仁[57]的研究在水面附近的竖向脉动流速与摩阻流速成正比，即

$$\sqrt{\overline{u_y'^2}} = k_2 u^* = k_2\sqrt{gRJ} \tag{5-23}$$

式中，$k_2$ 为系数；$J$ 为不掺气水流的水力坡度。将上述关系结合自掺气水流基本方程可以得到

$$\frac{k_2^2}{1+\overline{K}'}\left(R^5 J^8\right)^{\frac{1}{4}} = \frac{12\sigma_{\mathrm{w}} g^{\frac{1}{4}}}{k_1 \nu^{\frac{1}{2}} \gamma\left(1+\overline{K}'\right)} + 2\left(\frac{R}{J}\right)^{\frac{1}{4}} \Delta \overline{h}_{\mathrm{aw}} \cos\alpha \tag{5-24}$$

令 $\dfrac{12\sigma g^{\frac{1}{4}}}{k_1 \nu^{\frac{1}{2}} \gamma\left(1+\overline{K}'\right)} = A$，$\dfrac{k_2^2}{1+\overline{K}'} = B$，则式(5-24)可写作

$$B\left(R^{6}J^{8}\right)^{\frac{1}{4}}=A+2\left(\frac{R}{J}\right)^{\frac{1}{4}}\Delta\bar{h}_{\mathrm{aw}}\cos\alpha \tag{5-25}$$

由式可求得因掺气所增加的水深

$$\Delta\bar{h}_{\mathrm{aw}}=\frac{1}{2\cos\alpha}\left[BRJ-A\left(\frac{J}{R}\right)^{\frac{1}{4}}\right] \tag{5-26}$$

故明渠自掺气水流水深的理论公式为

$$h_{\mathrm{aw}}=h+\Delta\bar{h}_{\mathrm{aw}}=h+\frac{1}{2\cos\alpha}\left[BRJ-A\left(\frac{J}{R}\right)^{\frac{1}{4}}\right] \tag{5-27}$$

式中，$h$、$R$、$J$ 分别为不掺气水流的水深、水力半径、水力坡度。均匀流条件下，$J=i=\sin\alpha$，非均匀流条件下，$J=(nU/R^{2/3})^2$。其中，$n$ 为糙率；$i$ 为底坡；$U$ 为断面平均流速。

自掺气水流水深理论计算公式中，$A$ 和 $B$ 为两个待定系数，因为目前紊流力学的研究水平尚存不足，$k_1$ 和 $k_2$ 等尚无理论公式可供应用，因此系数 $A$ 和 $B$ 无法求出理论值。为了解决实际应用问题，可反求出 $A$ 和 $B$ 的具体数值，由此建立经验公式。对于均匀流条件下水流自掺气水深的计算，$A$ 和 $B$ 的值可以参考表 5-3[7]。

表 5-3 涡体跃移计算方法经验系数取值参考表

| $\alpha$ | 7.5° | 15° | 22.5° | 30° | 37.5° | 45° | 60° | 75° |
|---|---|---|---|---|---|---|---|---|
| $J$ | 0.1305 | 0.2588 | 0.3827 | 0.5000 | 0.6088 | 0.7071 | 0.8660 | 0.9659 |
| $A$ | 0.0035 | 0.0040 | 0.0041 | 0.0040 | 0.0039 | 0.0037 | 0.0032 | 0.0028 |
| $B$ | 6.30 | 5.02 | 4.73 | 3.93 | 4.39 | 3.87 | 2.78 | 1.68 |

## 5.2 自掺气对水流断面平均流速的影响

整个自掺气水流断面平均流速可表示为

$$V_{\mathrm{aw}}=\left(q_{\mathrm{a}}+q_{\mathrm{w}}\right)/h_{\mathrm{aw}} \tag{5-28}$$

式中，$V_{\mathrm{aw}}$ 为掺气水流断面平均流速；$q_{\mathrm{a}}$ 为单宽气体流量；$q_{\mathrm{w}}$ 为单宽水流量(已知)；$h_{\mathrm{aw}}$ 为掺气水流水深。

以前野外原型观测都采用目测的方法，而室内一般采用电测法，因而不同学者采用的试验条件、范围以及测试方法有很大差异，造成计算结果存在很大差异。根据涡体跃移理论，明渠自掺气水流水深 $h_{\mathrm{aw}}$ 的理论公式为

$$h_{\mathrm{aw}}=h+\Delta h=h+\frac{1}{2\cos\theta}\left[BRJ-A\left(\frac{J}{R}\right)^{\frac{1}{4}}\right] \tag{5-29}$$

式中，$h$、$R$、$J$ 分别为不掺气水流的水深、水力半径及水力坡度。均匀流时 $J=i=\sin\theta$，非均匀流时，$J=\left(nv/R^{2/3}\right)^2$，$n$ 为糙率，$i$ 为底坡，$v$ 为按不掺气算得的断面平均流速。$A$、

$B$ 为经验系数，可按下式计算：

$$A = (3.1 + 4.26J - 4.78J^2) \times 10^{-3} \tag{5-30}$$

$$\begin{cases} B = -17.942J^2 + 21.369J - 2.269, & J \geqslant 0.5 \\ B = 7.23 \times 10^{-0.52J}, & J < 0.5 \end{cases} \tag{5-31}$$

根据断面平均掺气浓度的定义：

$$\overline{C_{\mathrm{a}}} = q_{\mathrm{a}} / (q_{\mathrm{a}} + q_{\mathrm{w}}) \tag{5-32}$$

根据明渠自掺气水流的掺气浓度分布曲线的理论公式：

水点跃移区：

$$\frac{1 - C_{\mathrm{a}}}{2(1 - C_T)} = \frac{1}{\sqrt{2\pi}} \int_{t_*}^{\infty} \mathrm{e}^{-\frac{1}{2}t_*^2} \mathrm{d}t_* = \Phi(t_*) \tag{5-33}$$

气泡悬移区：

$$C_{\mathrm{a}} = \frac{2C_T}{\xi} \left[ \Phi\left(\frac{y_*}{\sigma_{2\infty}}\right) + 2\Phi\left(\frac{h_T}{\sigma_{2\infty}}\right) \Phi\left(\frac{h_T - y_*}{\sigma_3}\right) \right] \tag{5-34}$$

式中，$t_* = y_* / \sigma_1$；$\sigma_1$ 为水点扩散高度的标准差；$C_T$ 为水点跃移区与气泡悬移区交界面处的掺气浓度；$h_T$ 为交界面至槽底的距离。$C_T$ 与 $h_T$ 可按下列经验公式计算：

$$\frac{h_T}{h} = 0.8844 - 0.04937 \frac{h_{\mathrm{aw}}}{h} + 0.0964 \left(\frac{h_{\mathrm{aw}}}{h}\right)^2 \tag{5-35}$$

$$\begin{cases} \dfrac{h_T}{h} = 48.396C_T^3 - 89.171C_T^2 + 55.605C_T - 10.559, & \dfrac{h_T}{h} \geqslant 1.29 \\ \dfrac{h_T}{h} = 3.929C_T^2 - 3.264C_T + 1.650, & \dfrac{h_T}{h} < 1.29 \end{cases} \tag{5-36}$$

$\sigma_1$、$\xi$、$\sigma_{2\infty}$ 和 $\sigma_3$ 可通过联解下列方程得到：

$$\begin{aligned} \xi &= 1 + 4\Phi\left(\frac{h_T}{\sigma_{2\infty}}\right) \Phi\left(\frac{h_T}{\sigma_3}\right) \\ &= \frac{C_T}{1 - C_T} \sigma_1 \left[ \frac{1}{\sigma_{2\infty}} - \frac{2}{\sigma_3} \Phi\left(\frac{h_T}{\sigma_{2\infty}}\right) \mathrm{e}^{-\frac{1}{2}\left(\frac{h_T}{\sigma_3}\right)^2} \right] \end{aligned} \tag{5-37}$$

$$\sigma_3 = 2\sigma_{2\infty} \Phi\left(\frac{h_T}{\sigma_{2\infty}}\right) \Big/ \mathrm{e}^{-\frac{1}{2}\left(\frac{h_T}{\sigma_{2\infty}}\right)^2} \tag{5-38}$$

$$\frac{0.01}{2(1 - C_T)} = \Phi\left(\frac{h_{\mathrm{aw}} - h_T}{\sigma_1}\right) \tag{5-39}$$

求出掺气浓度分布曲线后，若令 $A_1 = \int_{h_T}^{h_{\mathrm{aw}}} C_{\mathrm{a}} \mathrm{d}y$，$A_2 = \int_0^{h_T} C_{\mathrm{a}} \mathrm{d}y$，可得断面平均掺气浓度为

$$\overline{C_{\mathrm{a}}} = (A_1 + A_2) / h_{\mathrm{aw}} \tag{5-40}$$

以式(5-45)即可算得单宽气体流量 $q_{\mathrm{a}}$，再算得自掺气水流断面平均流速 $V_{\mathrm{aw}}$。

值得注意的是，在上述计算过程中，可以很容易地得到水点跃移区(上区)和水点跃移区以下区域(下区)的平均流速。若令上区和下区的平均掺气浓度分别为 $\overline{C_{\mathrm{a1}}}$、$\overline{C_{\mathrm{a2}}}$，可由

下式分别计算：

$$\overline{C_{a1}} = A_1 / (h_{aw} - h_T) \tag{5-41}$$

$$\overline{C_{a2}} = A_2 / h_T \tag{5-42}$$

又由于：

$$\overline{C_{a1}} = q_{a1} / (q_{a1} + q_{w1}) \tag{5-43}$$

$$\overline{C_{a2}} = q_{a2} / (q_{a2} + q_{w1}) \tag{5-44}$$

$$q_a = q_{a1} + q_{a2} \tag{5-45}$$

$$q_w = q_{w1} + q_{w2} \tag{5-46}$$

联立求解式(5-44)～式(5-47)可分别解得 $q_{a1}$、$q_{a2}$、$q_{w1}$ 和 $q_{w2}$。则上区与下区的掺气平均流速分别为

$$V_{aw1} = (q_{a1} + q_{w1}) / (h_{aw} - h_T) \tag{5-47}$$

$$V_{aw2} = (q_{a2} + q_{w1}) / h_T \tag{5-48}$$

从实测的掺气水流流速分布结果看(图 5-3)，水流自掺气后，流速分布发生了很大的变化，速度最大点不再是水面附近，而是在水面下某一位置处。这是偶然还是必然呢？

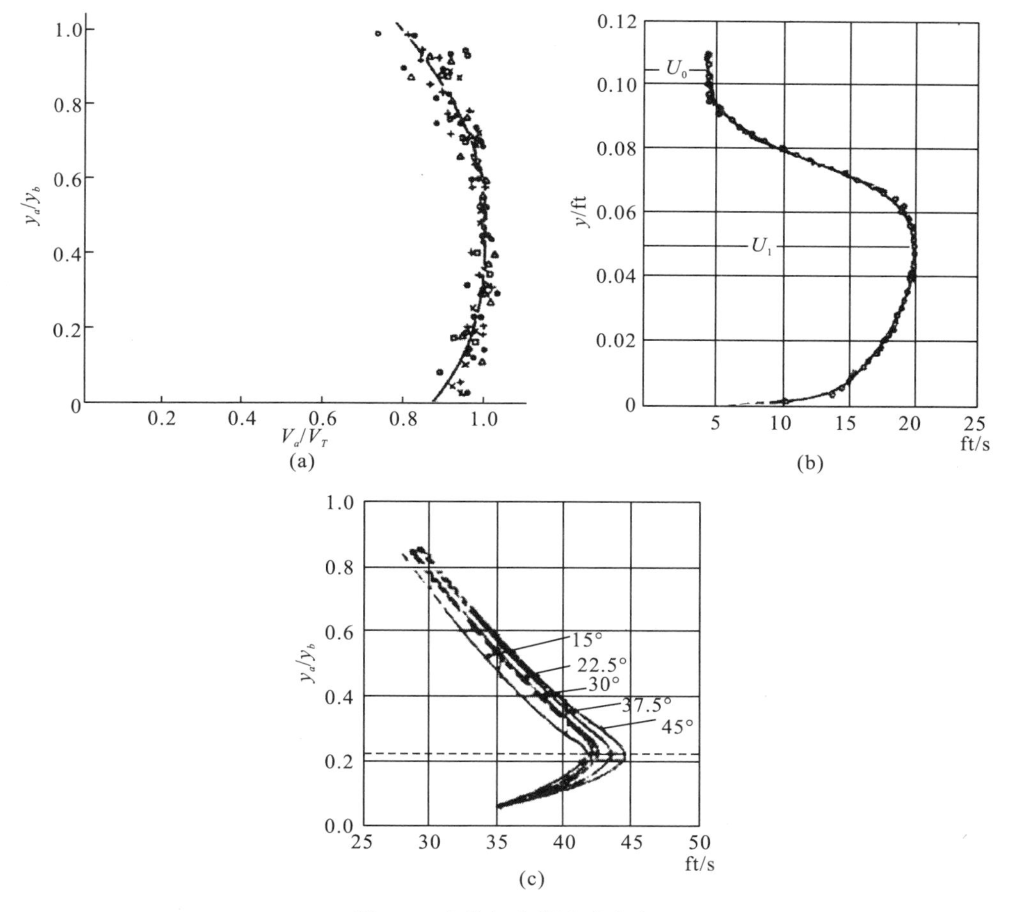


图 5-3　自掺气水流速度分布

各不同掺气程度的自掺气水流速度计算结果表明，自掺气水流上区与下区的平均流速与整个断面的平均流速几乎完全相等。这就意味着自掺气水流的速度必然存在一个自底面向水面方向不断增大，然后再逐渐减小的过程，否则，上区的平均流速就一定会大于下区的平均流速。

对水流速度分布造成影响的不外乎两个边界，一是固壁，二是自由表面。当水流不掺气时，由于自由表面平整，且空气的阻力很小，因此自由表面对流速分布的影响甚微(只在自由表面附近很小的范围有影响，一般忽略不计)。因此，流速分布遵从指数或对数公式。但掺气后情况发生了变化，空气对流速的影响不再局限于自由表面，在水与空气之间存在一个过渡层，该过渡层的空气浓度由大变小，从掺气水流平均流速理论公式的分析中可知，水流掺气后流速分布将从某一点开始逐渐减小，这就说明由于掺气的发生，使得气体边界对水流速度的影响深入到了水流内部，从而导致掺气区水流的流速沿垂线不断减小。

由于对掺气的减阻作用及掺气过渡层对流速的影响仍没有定性的结论，因此对于自掺气水流的最大流速、最大流速所处位置及掺气对水流速度分布的影响等仍不能确定。

# 参考文献


[1] Ehrenberger R. 陡槽水流掺气[M]//中国科学院水工研究室. 高速水流论文译丛. 北京: 科学出版社, 1958.

[2] Lane E W. Entrainment of air in swiftly flowing water[J]. Civil Engineering, 1939, 9(2): 88-91.

[3] Hall L S. 高速明渠水流的掺气[M]//中国科学院水工研究室. 高速水流论文译丛. 北京: 科学出版社, 1958.

[4] DeLapp W W. 对高速明渠水流的掺气的讨论[M]//中国科学院水工研究室. 高速水流论文译丛. 北京: 科学出版社, 1958.

[5] Viparelli M. 1∶1 陡坡水槽内的水流[M]//中国科学院水工研究室. 高速水流论文译丛. 北京: 科学出版社, 1958.

[6] Jevdjevich V, Levin L. 水流掺气和有关的技术问题[M]//中国科学院水工研究室. 高速水流论文译丛. 北京: 科学出版社, 1958.

[7] Straub L G, Anderson A G. Experiments on self aerated flow in open channels[J]. Journal of Hydraulics Division, ASCE, 1958, 84(7): 1-35.

[8] 吴持恭. 明渠水气两相流[M]. 成都: 成都科技大学出版社, 1989.

[9] Killen J M. The surface characteristics of self aerated flow in steep channels[D]. Minneapolis: The University of Minnesota, 1968.

[10] Falvey H T. Air-water flow in hydraulic structures[R]. Colorado: United States Government Printing Office, Dener, 1980.

[11] Nezu I, Nakagawa H. Turbulence in openchannel flows[J]. Journal of Hydraulic Engineering, 1993, 120(10): 1235-1237.

[12] 金忠青. N-S 方程的数值解和紊流模型[M]. 南京: 河海大学出版社, 1989.

[13] Nezu I, Rodi W. Open-channel flow measurements with a laser doppler anemometer[J]. Journal of Hydraulic Engineering, 1986, 112(5): 335-355.

[14] Coleman N L, Alonso C V. Two-dimensional channel flows over rough surfaces[J]. Journal of Hydraulic Engineering, ASCE, 1983, 109(2): 175-188.

[15] Coleman N L. Velocity profiles with suspended sediment[J]. Journal of Hydraulic Research, 1981, 19: 211-229.

[16] Killen J M. The surface characteristics of self-aerated flow in steep channels[D]. Minneapolis: the University of Minnesota, 1968.

[17] Wilhelms S C. Self-aerated spillway flow[D]. Minneapolis: the University of Minnesota, 1997.

[18] Wilhelms S C, Gulliver J S. Bubbles and waves description of self-aerated spillway flow[J]. Journal of Hydraulic Research, 2005, 43(5): 522-531.

[19] Rein M. Phenomena of liquid drop impact on solid and liquid surfaces[J]. Fluid Dynamics Research 1993, 12, 61-93.

[20] Rein M. The transitional regime between coalescing and splashing drops[J]. Journal of Fluid Mechanics, 1996, 306: 145-165.

[21] Rein M. Turbulent open-channel flows: drop-generation and self-aeration[J]. Journal of Hydraulic Engineering, 1998, 124(1): 98-102.

[22] 伏依诺维奇, 舒华兹. 掺气水流的均匀运动[M]//中国科学院水工研究室. 高速水流论文译丛. 北京: 科学出版社, 1958.

[23] Volkart P. The mechanism of air bubble entrainment in self-aerated flow[J]. International Journal of Multiphase Flow, 1980, 6: 411-423.

[24] Volkart P. Instrumentation for measuring local air concentration in high-velocity free-surface fow[C]. Proceedings of the International Symposium on Hydraulics for High Dams, Beijing, China, International Association for Hydraulic Research, 1988.

[25] Medwin H, Kurgan A, Nystuen J A. Impact and bubble sound form raindrops at normal and oblique incidence[J]. J. Acoustics Society of America, 1990, 88: 413-418.

[26] Cole D E, Liow J L. Bubble entrapment during water drop impacts[C]. Proceedings of the 15th Australasian Fluid Mechanics Conference, Sydney: the University of Sydney, 2004, 13-17.

[27] Hickox G H. Air entrainment on spillway faces[J]. Civil Engineering, 1945, 15(12): 562-563.

[28] Michels V, Lovely M. Some prototype observations of air entrained flow[C]. Proceedings of Minnesota International Hydraulics Convention, Minneapolis: University of Minnesota, 1953: 403-414.

[29] Bauer W J. Turbulent boundary layer in step slopes[J]. Trans, 1954, 119: 1212-1233.

[30] Anderson A G. Influence of channel roughness on the aeration of high-velocity, open-channel flow[C]. Proceedings of the 11th Congress, Leningrad, USSR, International Association for Hydraulic Research, 1965.

[31] DeLapp W W. High velocity flow of water in a small rectangular channel[D]. Minneapolis : University of Minnesota, 1947.

[32] Govinda R, Rajaratman N S. On the Inception of air entrainment in an open channe[C]. Proceedings of the 9th IAHR World Congress, Dubrovnik, Yugoslavia, International Association for Hydraulic Research, 1961.

[33] Hino M. A theory on the mechanisms of self-aerated flow on steep slope channels: application of the statistical theory of turbulence[R]. Central Reseach Institute of Electric Power Industry, 1961.

[34] Falvey H T, Ervine D A. Aeration in jets and high velocity flows[C]. Proceedings of the International Symposium: Model-Prototype Correlation of Hydraulic Structures, Colorado Springs, USA, International Association for Hydraulic Research, 1988.

[35] Michels V, Lovely M. Some protctype observations of air entrained flow[C]. Proceedings of Minnesota International Hydraulics Convention, Minneapolis: University of Minnesota, 1953.

[36] Wood I R. Uniform region of self-aerated flow[J]. Journal of Hydraulic Engineering, 1983, 109(3): 447-461.

[37] Schlichting H. Boundary Layer Theory[M]. 7th edition. New York: McGraw-Hill.

[38] Schwarz W H, Cosart W P. The two-dimensional wall jet[J]. Journal of Fluid Mechanics, 1961, 10(4): 481-495.

[39] Campbell F B, Cox R G, Boyd U B. Boundary layer development and spillway energy loss[J]. Journal of Hydraulics Division, 1965, 91(3): 149-163.

[40] Cain P, Wood I R. Measurements of self-aerated flow on a spillway[J]. Journal of Hydraulics Division, 1981, 107(11): 1425-1444.

[41] Wood I R, Ackers D, Loveless J. General method for critical point on spillways[J].Journal of Hydraulic Engrneering, 1983, 109(2): 308-312.

[42] Castro-Orgaz O. Hydraulics of developing chute flow[J]. Journal of Hydraul Engineering, 2009, 47(2): 185-194.

[43] Davies J T. Turbulence Phenomena[M]. New York: Academic Press, 1972.

[44] Borue V, Orszag S A, Staroselsky I. Interaction of surface waves with turbulence: direct numerical simulations of turbulent open-channel flow[J]. Journal of Fluid Mechanics, 1995, 286: 1-23.

[45] Nakayama A, Yokojima S. Modeling free-surface fluctuation effects for calculation of turbulent open-channel flows[J]. Environment Fluid Mechanics, 2003, 3: 1-21.

[46] Russell S O, Sheehan G J. Effect of entrained air on cavitation damage[J]. Canadian Journal of Civil Engineering, 1974, 1: 217-225.

[47] Straub L G, Lamb O P. Studies of air entrainment in open channel flows[J]. Trans, 1956, 121: 30-44.

[48] Isachenko N B. Effect of relative roughness of spillway surface on degrees of free-surface flow aeration[J]. Izv. Vning, 1965, 78: 350-357.

[49] Xi R, 1988. Characteristics of self-aerated flow on steep chutes[C]. Proceedings of the International Symposium on Hydraulics for High Dams, Beijing, China, International Association for Hydraulic Research.

[50] Rao N S L, Seetharamiah K, Gangadharaiah T. Characteristics of Self-Aerated Flows[J]. Journal of Hydraulics Division, 1970, 96(2): 331-355.

[51] Chanson H. Study of air entrainment and aeration devices on spillway model[D]. New Zealand : University of Canterbury, 1988.

[52] 林秉南. 明渠掺气水流的一些运动特性[J]. 水利学报, 1962, 1: 8-15.

[53] Chanson H. Air bubble entrainment in free-surface turbulent flows: experimental investigations[J]. Air Bubble Entrainment, 1995: 1-401.

[54] Stevens J C. Flow through circular weirs[J]. Journal of the Hydraulics Division, 1957, 83: 1-24.

[55] 王俊勇. 明渠高速水流掺气水深计算公式的比较[J]. 水利学报, 1981, 5: 48-52.

[56] 王世夏. 明渠自掺气水流浓度估算[J]. 水力学报, 1984, 7: 46-50.

[57] 窦国仁. 紊流边界层挟气能力的研究[J]. 水利学报, 1982, 13(2): 24-31.